Jean-Denis Godet
Alpenpflanzen

Jean-Denis Godet

Alpenpflanzen

nach Farben bestimmen

Ulmer

Jean-Denis Godet ist Primar-, Sekundar- und Biologielehrer für Gymnasien und hat sich als Autor zahlreicher Pflanzenbestimmungsbücher internationalen Ruf erworben.

Alle Fotos stammen vom Autor und wurden von ihm bearbeitet und für die technische Umsetzung vorbereitet.

Die Originalausgabe des vorliegenden Buches erscheint unter dem Titel „Einheimische Alpenpflanzen" im Arboris Verlag, CH-3032 Hinterkappelen.

Bibliografische Information der deutschen Bibliothek
Die Deutsche Bibliothek verzeichnet diese Publikation in der Deutschen Nationalbibliografie; detaillierte bibliografische Daten sind im Internet über http://dnb.ddb.de abrufbar.

Wollgrasweg 41, 70599 Stuttgart (Hohenheim)
E-Mail: info@ulmer.de
Internet: www.ulmer.de
Umschlagentwurf: Atelier Reichert, Stuttgart
Printed in Italy

ISBN-13: 978-3-8001-5315-2
ISBN-10: 3-8001-5315-7

Inhaltsverzeichnis

Vorwort

Im Vorsommer des letzten Jahres wurde mit dieser neuen Taschenführerreihe begonnen. Der erste Band – Einheimische Bäume und Sträucher – stellt mit zahlreichen Bildern und genauen Texten die wichtigsten uns umgebenden Gehölze vor. Da er bereits in den ersten Monaten nach seinem Erscheinen einen grossen Freundeskreis erhalten hat, entschlossen wir uns, mit dem 2. Titel – Einheimische Alpenpflanzen – möglichst rasch zu beginnen.
Die hier ausgewählten Arten leben in der subalpinen und alpinen Stufe. Einige von ihnen sind jedoch auch montan und kollin vertreten. Auch wenn diese Pflanzen vielleicht besser in den nachfolgenden Titel – Einheimische Wiesenpflanzen – gehören, sollen sie gleichwohl in diesen Band aufgenommen werden. Als typischer Vertreter kann hier der Löwenzahn genannt werden. Wohl erreicht er die subalpine Stufe, doch ist er in dieser Vegetationsstufe wesentlich kleiner, als dies in den unteren Lagen der Fall ist.
In der Einführung wird einerseits auf die Gebirgsbildung, andererseits auf den Bau der Kräuter und Stauden eingegangen. Um die späteren Pflanzenbeschreibungen besser verstehen zu können, ist es empfehlenswert, sich in diese kurze Übersicht zu vertiefen und die Bedeutung der erläuterten Fachwörter am besten auswendig zu lernen.
Wie im ersten Band, so werden auch hier die Höhenstufen der Vegetation vorgestellt. Es wird gezeigt, in welcher Höhe die einzelnen Stufen zu finden sind, welche klimatischen Bedingungen vorherrschen und wie die Vegetation beschaffen ist. Der nachfolgende Bestimmungsschlüssel ermöglicht es, über die vorgestellte Vielfalt eine erste Übersicht zu erhalten. Wie diesen beiden Seiten entnommen werden kann, werden die Arten in 6 Gruppen eingeteilt. Die sporenbildenden Pflanzen – hier die Farne – werden vorangestellt. Anschliessend folgen die samenbildenden Kraut- und Staudenpflanzen mit den weissen, gelben, roten, blauen und grünlichen Blüten. Bei den ersten 4 Gruppen werden 6 verschiedene Blütenformen vorgestellt, bei der letzten nur 3. Sie alle ermöglichen, zusammen mit den angegebenen Seitenzahlen, die unterhalb der jeweiligen Bilder aufgeführt sind, im anschliessenden Bildteil ein rasches Auffinden. In diesem sind pro Doppelseite je 4 Pflanzenarten zusammengestellt. Links wird ihr typisches Erscheinungsbild am natürlichen Standort gezeigt. Da es mit dieser Aufnahme allein oft nicht möglich ist, eine 100%ige Bestimmung vorzunehmen, wurden auf der gegenüberliegenden Seite pro Art 2–3 weitere Bilder hinzugefügt. Der Schwerpunkt liegt dabei auf dem Blüten- und Blattbau.
Um den Fototeil nicht auseinanderreissen zu müssen, wurde die genaue Beschreibung der Arten bewusst in einem nachfolgenden Teil konzentriert. Mit Hilfe der vorliegenden Nummern ist ein gegenseitiges Auffinden zwischen Foto- und Textteil jederzeit möglich. Den Schluss dieses 2. Titels bildet das viersprachige Register.
Herzlicher Dank gebührt all jenen, die uns mit vielen guten Ratschlägen unterstützt haben und damit erst die Herausgabe dieses Buches ermöglichten. Für Ergänzungen und Verbesserungsvorschläge ist der Autor jederzeit dankbar.
Möge auch dieser Taschenführer ein guter Ratgeber und treuer Begleiter auf Exkursionen, Spaziergängen und Wanderungen in unserer Bergwelt sein und gleichzeitig dazu beitragen, dass uns die Schönheit und Vielfalt unserer Alpenflora noch lange erhalten bleibt.

Hinterkappelen, im Juli 1999 — Jean-Denis Godet

1 Gebirgsbildung und Pflanzenwelt

Die Geschichte unserer Gebirge und ihrer Pflanzen umfasst Zeiträume, die für uns kaum fassbar sind. In den mehr als 4 Milliarden Jahren seit der Entstehung unserer Erde entstanden in der Erdurzeit und der **Erdfrühzeit** die Urozeane, Urkontinente und gleichzeitig die ersten Pflanzen und Tiere. Es folgte das **Erdaltertum** (= **Paläozoikum**: vor 590 Millionen Jahren bis vor 270 Millionen Jahren) und das **Erdmittelalter** (= **Mesozoikum**: vor 270 Millionen Jahren bis vor 70 Millionen Jahren).

Gegen Ende des **Paläozoikums** entstanden baumhohe Farne, Bärlappe, bis zu 20 m hohe Schachtelhalme und urtümliche Nacktsamer – die Vorfahren unserer Nadelhölzer.

Das **Mesozoikum** wurde vor allem durch die Spaltung des Urkontinents Pangäa in die Kontinente Laurasien (= der Grosskontinent auf der Nordhalbkugel mit Nordamerika, Europa, Nordasien) und Gondwana (= der Grosskontinent der Südhalbkugel mit Südamerika, Afrika, Vorderasien, Australien und der Antarktis) gekennzeichnet. Dazwischen lag ein als Tethys bezeichneter Meeresarm. Die einige 1000 m dicken Korallen- und Algenablagerungen bildeten später das Material für Bergmassive. Saurier, die altertümlichen Nadelbäume, Ginkgo-Arten und verschiedene Blütenpflanzen prägten das Leben auf dem Land. Gegen Ende dieses Zeitalters spalteten sich die beiden Grosskontinente. Wie riesige "Eisberge" schwammen die neu entstandenen Landteile auf zähflüssigen inneren Erdschichten und trieben auseinander oder bewegten sich gegeneinander, wie dies zum Beispiel bei Afrika und Europa der Fall war. Beim unvermeidlichen Zusammenprall wurden die dazwischenliegenden Gesteinsmassen aufgespaltet und übereinander geschoben.

In der **Erdneuzeit** (= Ära **Känozoikum** oder **Neozoikum**, gegliedert in die Perioden Tertiär und Quartär) wurde die Auffaltung der Alpen, des Appenins, des Atlasgebirges, der Gebirge auf der Balkanhalbinsel, der Karpaten, des Kaukasus und der Hochgebirge Zentralasiens vollendet. Im Spättertiär (= Pliozän, vor ungefährt 4 Millionen Jahren) wurde während einer sehr starken Schlussphase der Alpenbildung der Jura aufgefaltet und die Molasse zusammengeschoben. Am Alpenrand ragten diese Schuppen bis in eine Höhe von etwa 1950 m. Während der ersten Hälfte dieser Ära herrschten sehr artenreiche subtropische und tropische Wälder mit Kiefern, Palmen, Sumpfzypressen, Mammutbäumen, üppig wachsenden Farnen, Zimt- und Kampferbäumen vor. Die Riesensaurier waren zu dieser Zeit bereits ausgestorben und an ihre Stelle traten neue Insekten, Reptilien und Säugetierarten auf. In der 2. Hälfte dieses Zeitalters sank die durchschnittliche Temperatur von früher 22° C um ungefähr 10° C. Die tropischen und subtropischen Wälder starben ab und wurden durch eine Vielfalt von Nadelhölzern und sommergrünen Laubbäumen ersetzt. Etwas später sank die durchschnittliche Jahrestemperatur noch weiter ab und die sich sehr weit zurückgezogenen Gletscher begannen immer stärker zu wachsen. Verschiedene Eiszeiten wechselten nun mit Zwischeneiszeiten ab. Durch diese gewaltigen Klimaveränderungen wurde das ehemals subtropische und tropische Pflanzenkleid auf der Nordseite der Alpen vollständig zerstört. Wegen der ostwestlichen Ausrichtung unserer Alpen hatten die Pflanzen keine Möglichkeit, nach Süden auszuweichen, wie dies in Nordamerika und Ostasien dank der in Nord-Süd gerichteten Gebirge der Fall war. Nach der letzten Eiszeit konnten daher in diesen Gebieten die ausgewanderten Pflanzen mehr oder weniger ungehindert wieder in ihre alten Siedlungsräume zurückkehren, was bei uns wegen der hohen Gebirgsbarriere nicht möglich war. Dies ist einer der Hauptgründe dafür, dass die Wälder in Nordamerika und Ostasien viel artenreicher sind, als dies bei uns der Fall ist.

Nach dem Rückzug der Gletscher wurde das Land auf der Nordseite der Alpen durch eine waldlose Moor- und Tundrenvegetation bedeckt. Wälder waren wegen der kurzen und

kühlen Wachstumszeit nur südlich der Alpenketten möglich. Die von Eis frei gewordenen Bergregionen wurden einerseits durch zurückkehrende Gebirgsarten – sie waren nach der Gebirgsbildung bei uns eingewandert – aus dem mediterranen Raum (z.B. Krokus, Margerite, Wundklee) und dem zentralostasiatischen Bergland (z.B. Enzian, Eisenhut) besiedelt, andererseits durch die früher bereits in den Alpen lebenden Arten. Pflanzen aus asiatischen Steppengebieten konnten noch so lange ungehindert zuwandern, solange keine Wälder den Weg versperrten. Von ihnen sind wärmeliebende Arten noch heute in den zentralalpinen Trockentälern zu finden. Aber auch weniger kälteempfindliche Arten, wie die Vorfahren unseres Edelweiss, fanden in den Rasengesellschaften unserer Alpen ideale Lebensbedingungen.
Die Fichte oder Rottanne überdauerte die Eiszeiten in den Ostalpen und breitete sich vor ungefähr 6000 Jahren gegen den Bodensee aus. Aber erst vor 3000 bis 4000 Jahren eroberte der für uns so wichtige Nadelbaum unsere Nordalpen.
Die Alpen sind, geologisch gesehen, ein reichhaltiges und vielfältiges Gebiet mit verschiedenartigsten Landschaften. Die Nordalpen werden vor allem durch Kalke und Mergel dominiert. Im nördlichen Alpenrand finden sich noch zwischen den Helvetischen Decken alttertiäre Ablagerungen. Es sind meist mergelig-schiefrige Flyschgesteine. Die zentralen und südlichen Teile der Alpen sind zum grössten Teil aus kristallinen Gesteinen aufgebaut. Es herrschen hier vor allem Granite und Gneise vor.
Dieser enormen Mannigfaltigkeit des geologischen Untergrundes, aber auch des Klimas und der verschiedenen Landschaften auf kleinstem Raum verdanken wir die heute immer noch vorherrschende grosse Pflanzenvielfalt. Sie zu bewahren, ist unsere Pflicht.

2 Der Bau der Kräuter und Stauden

Das charakteristische Erscheinungsbild eines Krautes oder einer Staude wird durch die Wuchsform des Stengels, die Gestalt, Gliederung und Anordnung der Blätter, den Bau und die Färbung der Blüten und durch die Früchte gekennzeichnet. Alle diese Organe können entsprechend den vorherrschenden Umweltbedingungen bei den einzelnen Wuchsorten in ihrer Ausbildung variieren. So verkleinert sich zum Beispiel die Grösse mit zunehmender Meereshöhe. Gleichzeitig kommt es in den oberen Regionen der Alpen zu einer intensiveren Blütenfärbung (intensivere Strahlung, grössere Temperaturschwankungen). Die Blütezeit einer Pflanze ist jeweils von den jahreszeitlichen Wetterbedingungen und vom jeweiligen Standort abhängig. Dies hat zur Folge, dass Arten, die ein grosses Verbreitungsgebiet besitzen, bezüglich Blütezeit eine grössere Spanne aufweisen, als isolierte Pflanzen.
Für die korrekte Bestimmung einer Pflanze benötigen wir vor allem die Blüten und Laubblätter. Ihre genaue Beschreibung ist Voraussetzung dafür, dass bei späteren Bestimmungen keine Fehler unterlaufen. So soll auch in diesem Taschenführer wiederum nur mit denjenigen Merkmalen gearbeitet werden, welche von blossem Auge oder mittels einer guten Lupe rasch zu erkennen sind.

2.1 Der Spross

Er besteht aus der Sprossachse (= Stengel) – ein für jede Pflanzenart typisch geformter zylindrischer und stabförmiger Körper – und den Laubblättern, also ihren seitlichen Ausgliederungen. Sie besitzen in der Regel ein begrenztes Wachstum. Neben dem Tragen der Blätter, Blüten und Früchte dient diese Achse der Stoffleitung und gleichzeitig der Speicherung von Reservestoffen. Speziell ausgebildete Sprosse sind zum Beispiel Rhizome (= unterirdische Erdsprosse), Sprossknollen (z.B. Kartoffeln) und Zwiebeln.

2.2 Die Laubblätter

Die in der Regel grün gefärbten Laubblätter bilden wichtige Transpirationsorgane und Orte der Photosynthese. Sie bestehen aus einer meist dünnen und flächig verbreiterten Blattspreite, oft aus einem stengelartigen Blattstiel und dem Blattgrund. Dieser kann als Blattscheide ausgebildet sein und Nebenblätter tragen. Bei den meisten Blättern besitzt er jedoch keine besondere Form und geht allmählich in den Blattstiel über. Bei den ungestielten Blättern ist jeweils der Blattgrund direkt mit der Sprossachse verwachsen.

Spreite, Stiel und Blattgrund

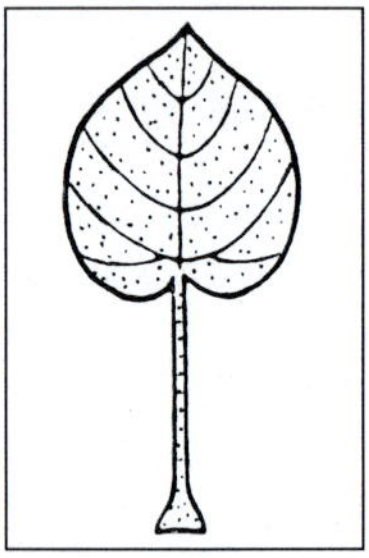

6
Schematische Darstellung

Gestieltes Blatt

7
Geranium
Storchschnabel

Sitzendes Blatt

8
Myosotis
Vergissmeinnicht

Stengelumfassende Blätter

9
Cerinthe major
Grosse Wachsblume

An der Sprossachse unterscheiden wir 4 Typen von Laubblättern. Der Hauptspross der keimenden Pflanze trägt ein- bis mehrere einfach gestaltete **Keimblätter**, deren Lebensdauer meist kurz ist. Die nachfolgenden **Niederblätter** sind einfach gestaltete Blätter, die unterhalb der Laubblätter liegen und oft nur schuppenförmig ausgebildet sind. Am Hauptspross bilden die **Laubblätter** die Hauptmasse des Blattkleides. Sehr oft sind die ersten von ihnen (= Jugend- oder Primärblätter) anders gestaltet als die Folgeblätter. Über ihnen finden wir sehr oft **Hochblätter**. Sie sind vor allem als Tragblätter der Blüten- und Blütenstandsäste ausgebildet und können gefärbt sein.

Was die Stellung der Laubblätter an der Achse betrifft, so sind sie wie folgt angeordnet:

Wechselständig oder spiralig:	An jedem Knoten steht nur ein Blatt, das gegenüber dem vorangegangenen jeweils um einen bestimmten von 180° abweichenden Winkel steht.
Zweizeilig oder distich:	Die Blätter liegen in einer Ebene.
Grundständig:	Die Blätter entspringen an der Basis des Stengels.
Gegenständig:	An einem Knoten stehen jeweils immer 2 Blätter einander gegenüber.
Kreuzgegenständig oder dekussiert:	Die Blattpaare stehen kreuzweise übereinander.
Quirlig oder wirtelig	3 oder mehrere Blätter stehen in einem Quirl zusammen.

2.3 Der Bau der Blütenstände

Viele unserer Pflanzen weisen pro Sprossachse nur eine einzige Blüte auf (z.B. Eberwurz, Enzian, Gemswurz,Trollblume). Bei allen anderen Arten sind mehrere bis zahlreiche Blüten in einer bestimmten Anordnung zu Blütenständen – den Infloreszenzen – vereinigt. Diese bilden stark metamorphisierte Sprossteile, die sich von den rein vegetativen Bereichen mehr oder weniger stark unterscheiden. Die Entwicklung von der Einzelblüte zum Blütenstand dürfte vor Millionen von Jahren damit begonnen haben, dass sich in den Blattachseln Lateralblüten entwickelten.

Nach dem Verhalten der Blütenstandsachse unterscheiden wir zwischen den folgenden wichtigsten Blütenstandstypen:

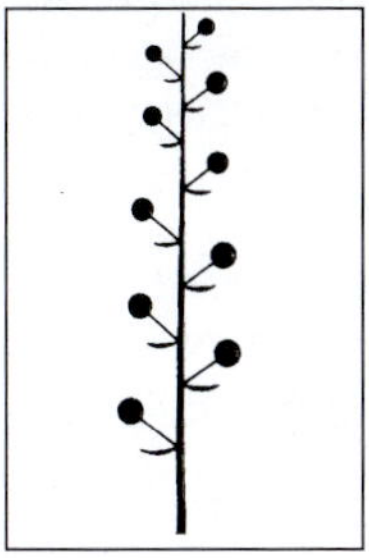
10
Traube

11
Voralpen-Kreuzblume

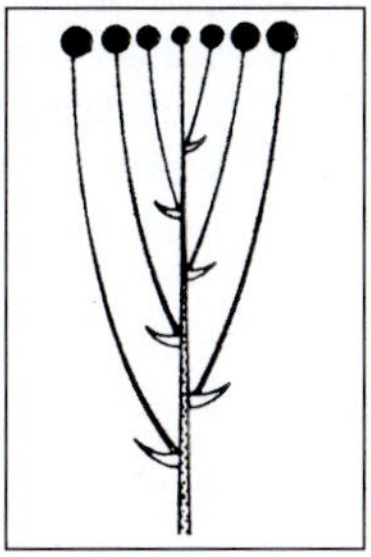
12
Doldentraube

13
Rosmarinheide

14
Ähre

15
Schlangen-Wegerich

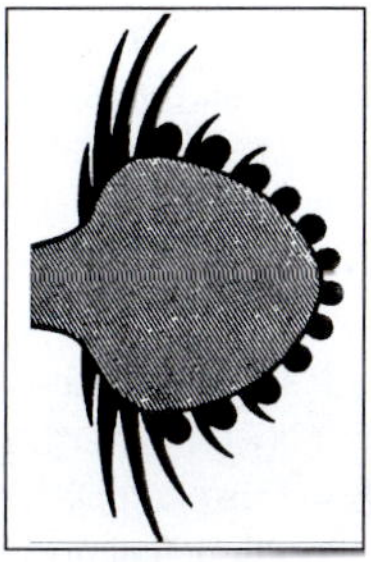
16
Köpfchen

17
Löwenzahn

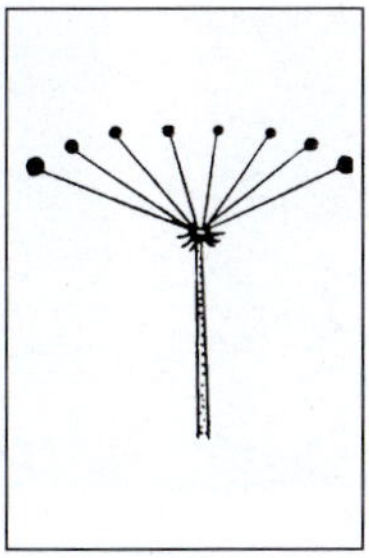
18
Dolde

19
Brustwurz

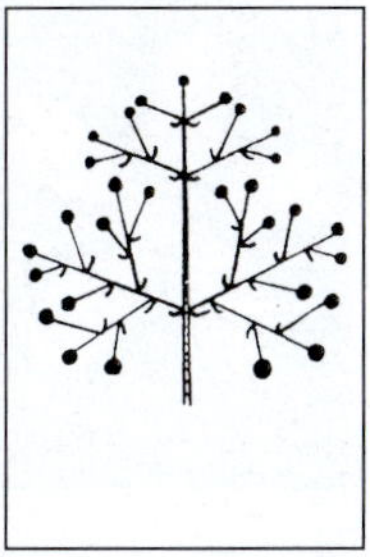
20
Rispe

21
Dreiblatt-Baldrian

2.4 Blüten bei Angiospermen – den Bedecktsamern

> Unter einer Blüte verstehen wir einen Sprossabschnitt, welcher mit der Ausbildung der innersten, beziehungsweise obersten Blütenorgane sein Wachstum abschliesst und die der geschlechtlichen Fortpflanzung dienenden Blattorgane trägt. Diese sitzen an den Sprossachsen entweder in spiraliger oder kreisförmiger Anordnung.

Alle diejenigen Pflanzen, welche Samen bilden, werden in die Abteilungen Nacktsamer (mit den Vertretern der Föhren-, Eiben-, Ginkgo- und Zypressengewächse) und Bedecktsamer gegliedert. Als wichtigstes Unterscheidungsmerkmal gelten die Samenanlagen, die bei den ersteren nackt sind, d.h. auf dem Fruchtblatt frei aufliegen, bei den letzteren durch ein Fruchtblatt oder mehreren von ihnen umschlossen werden.
Die Angiospermenblüte wird vor allem durch die oft sehr auffällige Blütenhülle charakterisiert. Ihre Ausbildung zu einem oft sehr auffälligen Schauapparat hat sich offensichtlich in Anpassung an die blütenbesuchenden und bestäubenden Insekten vollzogen. Vor allem im Tertiär kam es mit der Entwicklung der Insektenvielfalt zu einer sehr grossen Ausbildung von Farben und Formen.

Die Kelchblätter (Sepalen)

Sie sind in der Regel aus Hochblättern hervorgegangen, die in den Blütenbereich aufrückten (Abb. 22: Kelchvortäuschende Hochblätter, welche die Röhrenblüten umgeben). Im Knospenzustand dienen sie als Schutz für die inneren Organe. Nach der Entfaltung der Blüte fallen sie gelegentlich ab. Bei sehr vielen Arten bleiben sie jedoch bestehen und erbringen unter anderem auch Assimilationsleistungen, die der Blüte, aber auch den sich später entwickelnden Früchten zugute kommen. Sie können frei oder miteinander verwachsen sein. Werden sie am Grunde von einer Hülle kleinerer Hochblätter umgeben, so sprechen wir von einem Aussenkelch.
Beim Steinbrech (Abb. 23) sind die Kelchblätter frei. Bei der Schlüsselblume (Abb. 24) sind sie miteinander bis in den oberen Bereich verwachsen. Die Zahl der Zipfel beträgt 5. Beim Drachenmaul (Abb. 25) sind sie ebenfalls verwachsen, jedoch bestehen nur noch 2 Lippen. Eine Übernahme der Anlockungsfunktion durch die Kelchblätter ist häufig dann zu beobachten, wenn sich die Krone in ihrer Gesamtheit stark zurückbildet.

22
Homogyne alpina
Alpenlattich

23
Saxifraga
Steinbrech

24
Primula veris
Schlüsselblume

25
Hormium
Drachenmaul

Die Kronblätter (Petalen)

Gegenüber den Kelchblättern sind sie meist durch ihre zartere Konsistenz und durch eine weitaus stärkere Flächenentwicklung ausgezeichnet. Da sie verschiedene Farben aufweisen, stellen sie gewöhnlich den auffälligsten Teil der Blüte dar. Dieses für Blütenbesucher optische Anlockungsmittel wird sehr oft noch durch chemische Reize (z.B. Blütenduft und nektarabsondernde Honigblätter) verstärkt.

26
Douglasia
Goldprimel

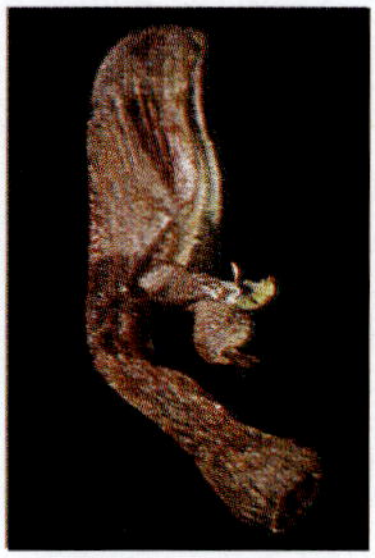

27
Pedicularis
Läusekraut

28
Cerastium
Hornkraut

29
Lunaria
Mondviole

Kronblätter sind vielfach umgebildete Staubblätter. Übergänge zwischen den beiden Blütenorganen sind bei der weissen Seerose gut ersichtlich, einer Pflanzenart, die aber erst in einem der nächsten Taschenführer beschrieben wird. Sind sie miteinander verwachsen, so sprechen wir von einer sympetalen Krone (Abb. 26, 27). An der Anzahl der freien Kronzipfel lässt sich meist erkennen, wieviele Kronblätter am Aufbau der Kronröhre beteiligt sind. Diese kann gelegentlich so kurz sein, dass eine Freikronblättrigkeit vorgetäuscht wird. Beim Herausziehen aus dem Kelch löst sich jedoch die Krone der Sympetalen in ihrer Gesamtheit ab (gut ersichtlich bei Abb. 27).
Sind die Kronblätter miteinander nicht verwachsen, so sprechen wir von einer choripetalen Krone (Abb. 28, 29).

Die Staubblätter

In ihrer Gesamtheit werden sie als Androeceum bezeichnet. Sie können an der Blütenachse spiralig oder in Wirteln angeordnet sein. Häufig sind deren 2 vorhanden, die jeweils in den Lücken der Kelch- und Kronblätter stehen.
Wie Abb. 30 zeigt, wird ein Staubblatt von einem stielartigen Träger, dem Staubfaden oder Filament (= F), den Staubbeuteln oder Antheren (= A) und einem sterilen Mittelstück, dem Konnektiv (= K) aufgebaut. In seinem Innern liegt ein Gefässbündel (= Gb). Jede Anthere setzt sich aus 2 Theken zusammen.
Nicht selten finden wir bei Staubblättern hornförmige Anhängsel. Diese Staminodien sind zurückgebildete Staubblätter, die eine andere als die ursprüngliche Funktion übernehmen. In ihrer Gestalt können sie sehr stark variieren. Eine spezielle Form dieser Umbildungen sind die nektarabsondernden Honigblätter, die zwischen den Blütenhüll- und Staubblättern liegen. Bei einzelnen Arten sind sie klein und unauffällig (z.B. Trollblume), bei anderen blumenartig gestaltet und täuschen dort Blütenhüllblätter vor (z.B. Akalei).
Die Form der Staubblätter kann natürlich auch sehr stark variieren. So finden wir Formen, bei welchen z.B. das Filament stark reduziert ist.

Die Fruchtblätter/der Fruchtknoten

Den weiblichen Teil der Blüten bilden die Fruchtblätter (= Carpelle), welche in ihrer Gesamtheit als Gynoeceum bezeichnet werden. Sie sind bei den Angiospermen zu einem Gehäuse umgestaltet und bergen darin die Samenanlagen. Sind sie miteinander nicht verwachsen, so sprechen wir von einem apocarpen Gynoeceum (z.B. Hahnenfuss). Sind sie jedoch zu einem Gehäuse verwachsen (z.B. Schlüsselblume), so liegt ein coenocarpes Gynoeceum vor. Dabei wird der angeschwollene und die Samenanlagen tragende Basalteil als Fruchtknoten (= Ovar) bezeichnet. Vielfach verlängert er sich spitzenwärts in einen säulenartigen Griffel, der an seinem Ende mit einer für die Aufnahme der Pollenkörner klebrigen Narbe endet.

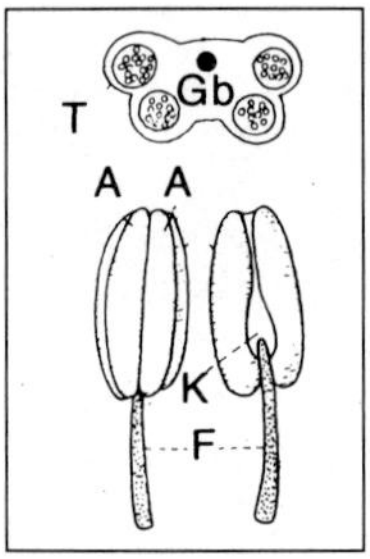

30
Staubblatt schematisch

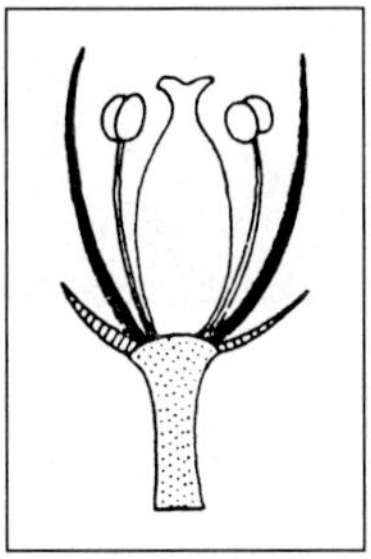

31
Oberständiger Fruchtknoten

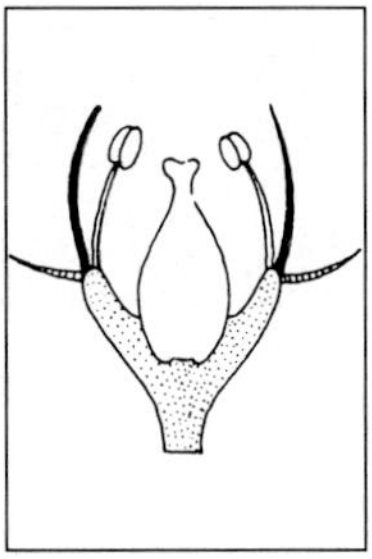

32
Mittelständiger Fruchtknoten

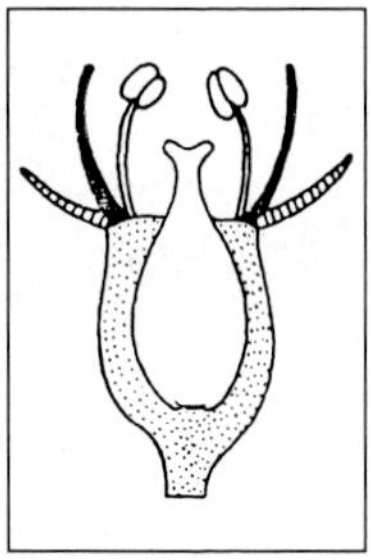

33
Unterständiger Fruchtknoten

Für die Bestimmung der Pflanze kann die Kenntnis über die Stellung des Fruchtknotens von grosser Bedeutung sein. Wir unterscheiden 3 Formen:
Beim **oberständigen** Fruchtknoten (Abb. 31) ist die Blütenachse kegelförmig aufgewölbt und die Staub- und Perianthblätter (Kelch- und Kronblätter oder Perigonblätter) entspringen unterhalb von ihm. Der **mittelständige** Fruchtknoten (Abb. 32) kann frei oder mit der Blütenachse zum Teil verwachsen sein und die Staub- und Perianthblätter liegen in der Mitte. Bei der letzten Form (Abb. 33) ist er in der Blütenachse eingesenkt und die Blütenhülle liegt deutlich am oberen Ende dieses **unterständigen** Fruchtknotens.

2.5. Geschlechtsverteilung und Bestäubung der Blüten

Zwittrige Blüten enthalten Staub- und Fruchtblätter, beinhalten somit beide Geschlechter. Eingeschlechtige Blüten haben entweder nur Staub- oder nur Fruchtblätter. Übergänge zwischen den beiden Formen sind jedoch auch möglich. So gibt es Blüten, die wohl beide Geschlechter aufweisen (morphologisch zwittrig), doch das eine ist nicht mehr funktionsfähig (funktionell eingeschlechtig). Finden wir die männlichen und weiblichen Blüten auf derselben Pflanze, so ist diese monözisch oder einhäusig. Befinden sich die beiden Geschlechter auf verschiedenen Individuen, so werden sie als diözisch oder zweihäusig bezeichnet.
Im Gegensatz zu den nacktsamigen Pflanzen, bei welchen die Pollenkörner am Bestäubungstropfen der Mikrophyle der Samenanlage kleben bleiben, wird der Pollen bei den Bedecktsamigen von einer klebrigen und papillösen Narbe festgehalten. Damit ergibt sich eine noch weitergehende Unabhängigkeit der geschlechtlichen Fortpflanzung von der Feuchtigkeit. Unterschieden werden Tier-, Wind- und Selbstbestäubung.

3 Höhenstufen der Vegetation

3.1 Kolline- oder Hügellandstufe (Hügelstufe)

Bis auf eine Höhe von	600 m im Mittelland
	700 m im Alpenvorland
	800 und 900 m in den Zentral- und Südalpen

Die mittlere Jahrestemperatur liegt zwischen 8° und 12° Celsius
Die Dauer der Vegetationszeit beträgt über 250 Tage
Die Stufe wird gekennzeichnet durch
- Eichen-Hagebuchenwälder in tieferen Lagen
- Flaumeichenwälder in wärmsten Gebieten auf kalkhaltigem Boden
- Föhrenwälder in Trockengebieten
- Buchenmischwälder in höheren Lagen
- Kastanienwälder auf kalkarmen Böden am Alpensüdfuss

3.2 Montane- oder Bergstufe

Bis auf eine Höhe von	1200 m und 1300 m auf der Alpennordseite
	1300 m und 1500 m in den Zentralalpen
	1500 m und 1700 m in den Südalpen

Die mittlere Jahrestemperatur liegt zwischen 4° und 8° Celsius
Die Dauer der Vegetationszeit beträgt über 200 Tage
Die Stufe wird gekennzeichnet durch
- Buchen-, Buchen-Tannen- und Tannenwälder
- Föhrenwälder in den Zentralalpen
- Fichtenwälder in mehr kontinentalen Gebieten

3.3 Subalpine- oder Gebirgsstufe

Bis auf eine Höhe von	1700 m und 1900 auf der Alpennordseite
	1900 m und 2400 m in den Zentralalpen
	1800 und 2000 m in den Südalpen

Die mittlere Jahrestemperatur liegt zwischen 1° und 2° Celsius
Die Dauer der Vegetationszeit beträgt zwischen 100 und 200 Tage
Die Stufe wird gekennzeichnet durch
- Fichtenwälder
- Arven-Lärchenwälder oberhalb der Fichtenwälder
- Zwergsträucher am Übergang zur alpinen Stufe
- Alpenerlengebüsche an feuchten und schattigen Steilhängen
- Bergföhren- und Legföhrenwälder auf Kalkböden

3.4 Alpine Stufe

Sie umfasst die baumlosen oberen Lagen der Alpen und reicht von der Baumgrenze bis zur natürlichen Schneegrenze
Die klimatische Schneegrenze liegt zwischen 2400 m und 3200 m
Die Stufe wird gekennzeichnet durch:
- Zwergstrauchbestände im unteren Bereich; oberhalb wachsen alpine Rasen
- Gebiete oberhalb der natürlichen Schneegrenze = **nivale Stufe**

FARNE

34 (S. 18/19)
Sporangien nicht auf den Fiederblättern

35 (S. 18/19)
Sporangien auf speziellen Fiederblättern

36 (S. 18–27)
Sporangien auf der Unterseite der Fiederblätter

WEISSE BLÜTEN

37 (S. 28, 29, 34, 42,43
Blütenhülle aus 5 oder mehr Perigonblättern

38 (S. 30–33)
Blütenhülle aus 2/4 oder 4/4 Kelch- und Kronb.

39 (S. 32–45)
Kelch- und Kronb. 5 oder mehr (S. 40,41)

40 (S. 44–49)
Kelch- und Kronblätter je 5, Blüten in Dolden

41 (50–57)
Röhren- und/oder Strahlenblüten in Köpfchen

42 (S. 58–61)
5 umgewandelte Kelch- und Kronb.; Bl. zygomorph

GELBE BLÜTEN

43 (S. 62–65, 72,73)
Bl.hülle mit 6–8 Perigonb.; zygomorph/radiär

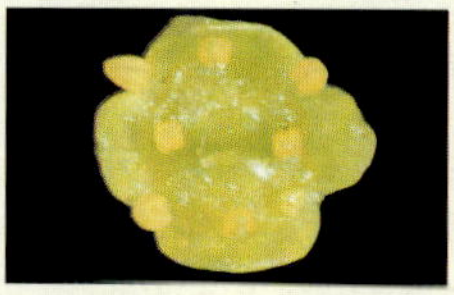

44 (S. 62–65)
Blüten mit 4 Kelch- und 4 Kronb. oder. 4 Kelchb.

45 (S. 66–75)
Blütenhüllblätter je 5,frei, radiär und zygomorph

46 (S. 72–79)
Die 5 Kelch- und Kronblätter verwachsen

47 (S. 78–91)
Röhren- und/oder Strahlenblüten in Köpfchen

48 (S. 92–99)
Blüten zygomorph, d.h. nur 1e Symmetrieebene

für Alpenpflanzen

GRÜNE BL.

49 (S. 162–169)
Blütenhülle aus 3–6 Perigonblättern

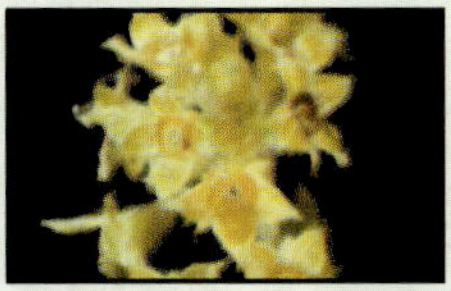

50 (S. 162, 164, 168)
4/5 Kelch- und Kronb.
4/4 innere/äussere Kb.

51 (S. 162, 163, 168)
Blüten in Dolden und Döldchen vereinigt

BLAUE BLÜTEN

52 (S. 140–143)
Je 4 oder 5/3 Kelch- und Kronblätter

53 (S. 142, 143)
Je 5 freie Kelch- und Kronblätter

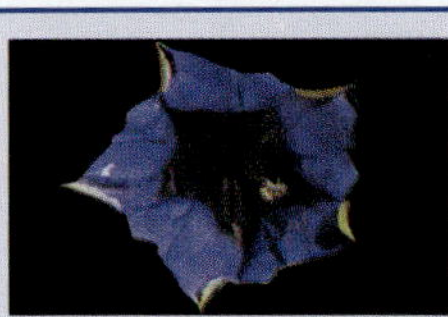

54 (S. 142–151)
Je 5 Kelch- und Kronblätter verwachsen

55 (S. 150, 156, 158)
Blüten in Köpfchen, Kugeln oder Zylinder

56 (S. 160, 161)
5 Perigonblätter und 4 Honigblätter/5 Perigonb.

57 (S. 150, 151, 160, 161); Blütenhülle zygomorph, verwachsen

ROTE BLÜTEN

58 (S. 100–103, 118, 119, 138, 139); Blüte aus 5 oder 6 Perigonb.

59 (S. 100–105}
2 Vorb. und 4 Kelchb. oder 4/4 Kelch- und Kronb.

60 (S. 104–117)
5 oder mehr freie Kelch- und Kronblätter

61 (S. 104–121)
Je 5 verwachsene Kelch- und Kronblätter

62 (S. 120–131)
Röhren- und/oder Strahlenblüten in Köpfchen

63 (S. 130–139)
Blüten zygomorph, d.h. nur 1e Symmetrieebene

1 Gemeine Mondraute
Botryche lunaire
Botrichio lunaria
Botrychium lunaria (L.) SW.

2 Rippenfarn
Blechnum en épi
Lonchite minore
Blechnum spicant (L.) ROTH

3 Gemeiner Tüpfelfarn
Réglisse-des-bois
Polipodio comune
Polypodium vulgare L.

4 Villars Wurmfarn
Dryoptéris de Villars
Felce di Villars
Dryopteris villarii SCH. ET TH.

5 Kleiner Wurmfarn, Geröll-Wurmfarn
Dryoptéris
Felce
Dryopteris oreades NEWM.

6 Breiter Wurmfarn
Dryoptéris dilaté
Felce larga
Dryopteris dilatata GRAY

7 Gemeiner Waldfarn
Fougère femelle
Felce femmina
Athyrium filix-femina ROTH

8 Alpen-Waldfarn
Athyrium alpestre
Felce alpestre
Athyrium distentifolium OPIZ.

9 Lanzenfarn
Polystic en lance
Felce lonchite
Polystichum lonchitis ROTH

10 Gelappter Schildfarn
Polystic à aiguillons
Felce aculeata
Polystichum aculeatum ROTH

11 Braunstieliger Streifenfarn
Capillaire rouge
Asplenio tricomane
Asplenium trichomanes MILDE

12 Braungrünstieliger Streifenfarn
Asplénium falsifié
Asplenio ibrido
Asplenium adulterinum MILDE

13 Buchenfarn
Phégoptéris vulgaire
Felce dei faggi
Phegopteris connectilis WATT

14 Keilblättriger Streifenfarn
Asplénium à feuilles en coin
Asplenio del serpentino
Asplenium cuneifolium VIV.

15 Mauerraute
Asplénium rue-de-muraille
Asplenio ruta di muro
Asplenium ruta-muraria L.

16 Berg-Blasenfarn
Cytoptéris des montagnes
Felcetta montana
Cystopteris montana DESV.

17 Sudeten-Blasenfarn
Cystoptéris
Felcetta
Cystopteris sudetica MILDE

18 Alpen-Blasenfarn
Cystoptéris des Alpes
Felcetta reale
Cystopteris alpina (LAM.) DESV.

19 Rollfarn
Cryptogramme crispée
Felcetta crespa
Cryptogramma crispa R. BR.

20 Gemeiner Blasenfarn
Cytotéris fragile
Felcetta fragile
Cystopteris fragilis (L.) BERNH.

21 Allermannsharnisch
Ail victorial
Aglio serpentino
Allium victorialis L.

22 Weisse Trichterlilie
Lis des Alpes, Paradisie faux lis
Paradisia
Paradisea liliastrum (L.) BERTOL.

23 Frühlings-Krokus
Crocus du printemps
Croco bianco, Zafferano alpino
Crocus albiflorus KIT.

24 Penninisches Täschelkraut
Tabouret du Mont Cervin
Erba storna piemontese
Thlaspi sylvium GAUD.

25 Alpen-Gänsekresse
Arabette des Alpes
Arabetta alpina
Arabis alpina L.

26 Ungleichblättriges Labkraut
Gaillet à feuilles inégales
Caglio alpino
Galium anisophyllon VILL.

27 Sendtners Alpen-Mohn
Pavot des Alpes
Papavero alpino
Papaver alpinum L. AGG.

28 Weisser Mauerpfeffer
Orpin blanc
Borracina bianca, Erba pignola
Sedum album L.

29 Hallers Schaumkresse
Cardaminopsis de Haller
Arabetta di Haller
Cardaminopsis halleri HAYEK

30 Strauss-Steinbrech
Saxifrage cotylédon
Sassifraga dei graniti
Saxifraga cotyledon L.

31 Wald-Geissbart
Barbe-de-bouc, Reine des bois
Barba di capra
Aruncus dioecus FERNALD

32 Milchweisser Mannsschild
Androsace lactée
Androsace lattea
Androsace lactea L.

33 Gelbes Seifenkraut
Saponaire jaune
Saponaria gialla
Saponaria lutea L.

34 Kriechendes Gipskraut
Gypsophile rampante
Gipsofila strisciante
Gypsophila repens L.

35 Bewimperte Nabelmiere
Moehringie ciliée
Moehringia cigliata
Moehringia ciliata (SCOP.) D.T.

36 Knöllchen-Knöterich
Renouée vivipare
Poligono viviparo
Polygonum viviparum L.

37 Trauben-Steinbrech
Saxifrage paniculé, S. aïzoon
Sassifraga alpina
Saxifraga paniculata MILLER

38 Fleischroter Mannsschild
Androsace carnée
Androsace carnicina
Androsace carnea L.

39 Zottiger Mannsschild
Androsace velue
Androsace appenninica
Androsace villosa L.

40 Bewimperter Mannsschild
Androsace petit-jasmin
Androsace prostrata
Androsace chamaejasme W.

41 Stumpfblättriger Mannsschild
Androsace à feuilles obtuses
Androsace gelsomino
Androsace obtusifolia ALL.

42 Acker-Hornkraut
Céraiste des champs
Peverina dei campi
Cerastium arvense L. S.L.

43 Rundblättriger Steinbrech
Saxifrage à feuilles rondes
Sassifraga a foglie rotonde
Saxifraga rotundifolia L.

44 Blassblütiger Storchschnabel
Géranium blanc
Geranio dei rivi
Geranium rivulare VILL.

45 Sternblütiger Steinbrech
Saxifrage étoilée
Sassifraga stellata
Saxifraga stellaris L.

46 Silberwurz
Dryade à huit pétales, Chênette
Camedrio alpino
Dryas octopetala L.

47 Alpen-Hahnenfuss
Renoncule alpestre
Ranuncolo alpestre
Ranunculus alpestris L.

48 Alpen-Gemskresse
Cresson des chamois
Iberidella alpina
Pritzelago alpina GREUT. ET BURD.

49 Platanenblättriger Hahnenfuss
Renoncule à feuilles de platane
Ranuncolo a foglie di Platano
Ranunculus platanifolius L.

50 Eisenhutblättriger Hahnenfuss
Renoncule à feuilles d'aconit
Ranuncolo a foglie d'Aconito
Ranunculus aconitifolius L.

51 Narzissenblütige Anemone
Anémone à fleurs de narcisse
Anemone narcissino
Anemone narcissiflora L.

52 Weisse Alpen-Anemone
Pulsatille des Alpes
Pulsatilla bianca
Pulsatilla alpina (L.) DEL. S.L.

53 Gefurchter Steinbrech
Saxifrage sillonnée
Sassifraga solcata
Saxifraga exarata VILL. S.L.

54 Berg-Laserkraut
Laser siler, Sermontain
Laserpizio sermontano
Laserpitium siler L.

55 Grosse Sterndolde
Grande astrance
Astranzia maggiore
Astrantia major L.

56 Kleine Sterndolde
Petite astrance
Astranzia minore
Astrantia minor L.

57 Meisterwurz
Peucédan ostruthium, Impératoire
Imperatoria vera
Peucedanum ostruthium KOCH

58 Brustwurz
Angélique sauvage
Angelica selvatica
Angelica sylvestris L.

59 Gebirgs-Kälberkropf
Chérophylle hérissé
Cerfoglio irsuto
Chaerophyllum hirsutum L.

60 Gelbfrüchtiger Kälberkropf
Chérophylle doré
Cerfoglio bastardo
Chaerophyllum aureum L.

61 Heilwurz, Hirschheil
Séséli libanotis
Finocchiella maggiore, Libanotide
Seseli libanotis (L.) KOCH

62 Hallers Laserkraut
Laser de Haller
Laserpizio di Haller
Laserpitium halleri CRANTZ

63 Augenwurz
Athamante de Crète
Atamanta comune
Athamanta cretensis L.

64 Silberdistel, Eberwurz
Carline sans tige
Carlina bianca
Carlina acaulis L.

65 Alpen-Berufskraut
Vergerette des Alpes
Céspica alpina
Erigeron alpinus L.

66 Berg-Margerite
Marguerite des montagnes
Margherita
Leucanthemum adustum KOCH

67 Gemeine Margerite
Marguerite
Margherita comune
Leucanthemum vulgare LAM.

68 Gewöhnliche Alpenmargerite
Marguerite des Alpes
Margherita alpina
Leucanthemopsis alpina HEYW.

69 Alpenmasslieb
Fausse pâquerette
Astro falsa pratolina, Bellidiastro
Aster bellidiastrum (L.) SCOP.

70 Norwegisches Ruhrkraut
Gnaphale de Norvège
Canapicchia norvegese
Gnaphalium norvegicum GUNN.

71 Weisse Pestwurz
Pétasite blanc
Farfaraccio bianco
Petasites albus (L.) GAERTNER

72 Grossblättrige Schafgarbe
Achillée à grandes feuilles
Millefoglio delle radure
Achillea macrophylla L.

73 Edelweiss
Etoile-des-Alpes, Edelweiss
Stella alpina, Edelweiss
Leontopodium alpinum CASS.

74 Gemeines Katzenpfötchen
Pied-de-chat-dioïque
Sempiterni di montagna
Antennaria dioica GAERTNER

75 Alpen-Pestwurz, Schneeweisse P.
Pétasite paradoxal
Farfaraccio niveo
Petasites paradoxus BAUMG.

76 Alpen-Kratzdistel
Cirse épineux
Cardo spinosissimo
Cirsium spinosissimum SCOP.

77 Hallers Schafgarbe
Achillée noirâtre
Millefoglio del calcare
Achillea atrata L.

78 Moschus-Schafgarbe
Achillée musquée
Millefoglio del granito
Achillea erba-rotta ALL.

79 Clavenas Schafgarbe
Achillée de Clavena
Millefoglio di Clavena
Achillea clavenae L.

80 Zwerg-Schafgarbe
Achillée naine
Millefoglio nano, Iva
Achillea nana L.

81 Berg-Gamander
Germandrée des montagnes
Camedrio montano
Teucrium montanum L.

82 Berg-Klee
Trèfle des montagnes
Trifoglio montano
Trifolium montanum L.

83 Walliser Wundklee
Anthyllide vulneraire
Vulneraria comune / *Anthyllis vulneraria ssp.valesiaca*

84 Wald-Wicke
Vesce des bois
Veccia silvana
Vicia sylvatica L.

85 Niedlicher Augentrost
Euphraise élégante
Eufrasia gracile
Euphrasia pulchella KERNER

86 Schnee-Klee
Trèfle nivale
Trifoglio / *Trifolium pratense* ssp. *nivale* (KOCH) ARCANG.

87 Bleicher Klee
Trèfle pâlissant
Trifoglio pallescente
Trifolium pallescens SCHREBER

88 Alpen-Tragant
Astragale des Alpes
Astragalo alpino
Astragalus alpinus L.

89 Weissorchis, Weisszunge
Orchis miel, Pseudorchis blanchâtre
Orchide candida
Pseudorchis albida (L.) LÖVE

90 Gemeines Brillenschötchen
Lunetière lisse
Biscutella montanina
Biscutella laevigata L.

91 Immergrünes Felsenblümchen
Drave faux aïzoon
Draba aizoide
Draba aizoides L.

92 Gelber Alpen-Mohn
Pavot des Alpes
Papavero alpino
Papaver aurantiacum LOISEL.

93 Kelch-Liliensimse
Tofieldie à calicule
Tajola comune
Tofieldia calyculata (L.) WAHL.

94 Rosenwurz
Orpin rose
Rhodiole rose
Rhodiola rosea L.

95 Farnrauke
Hugueninie à feuilles de tanaisie
Huguenina comune
Hugueninia tanacetifolia RCHB.

96 Gegenblättriges Milzkraut
Dorine à feuilles opposées
Erba-milza con foglie opposte
Chrysosplenium oppositifolium L.

97 Bewimperter Steinbrech (hell)
Saxifrage faux aïzoon
Sassifraga gialla
Saxifraga aizoides L.

98 Bewimperter Steinbrech (dunkel)
Saxifrage faux aïzoon
Sassifraga gialla
Saxifraga aizoides L.

99 Geflecktes Johanniskraut
Millepertuis maculé
Erba di San Giovanni delle Alpi
Hypericum maculatum CRANTZ

100 Alpen-Mauerpfeffer
Orpin des Alpes
Borracina alpestre
Sedum alpestre VILL.

101 Grossblütiges Fingerkraut
Potentille à grandes fleurs
Cinquefoglia trifogliata
Potentilla grandiflora L.

102 Berg-Hahnenfuss (subalpin)
Renoncule des montagnes
Ranuncolo montano
Ranunculus montanus WILLD.

103 Gold-Fingerkraut
Potentille dorée
Cinquefoglia fior d`oro
Potentilla aurea L.

104 Silber-Fingerkraut
Potentille argentée
Cinquefoglia bianca
Potentilla argentea L.

105 Vielteiliges Fingerkraut
Potentille multifide
Cinquefoglia sfrangiata
Potentilla multifida L.

106 Europäische Trollblume
Boule d`or, Trolle d`Europe
Botton d`oro
Trollius europaeus L.

107 Berg-Hahnenfuss (alpin)
Renoncule des montagnes
Ranuncolo montano
Ranunculus montanus WILLD.

108 Hahnenfussartiges Hasenohr
Buplèvre fausse renoncule
Bupleuro ranunculoide
Bupleurum ranunculoides L. S.L.

109 Gelber Enzian
Gentiane jaune
Genziana maggiore
Gentiana lutea L.

110 Gemeine Berg-Nelkenwurz
Benoîte des montagnes
Cariofillata montana
Geum montanum L.

111 Schwefel-Anemone
Pulsatille soufrée
Pulsatilla sulfurea / *Pulsatilla alpina ssp. apiifolia* NYMAN

112 Aurikel, gelbe Felsen-Primel, Flühblümchen / Primevère auricule
Primula orecchia d`orso
Primula auricula L.

113 Echtes Stiefmütterchen
Pensée tricolore
Viola del pensiero
Viola tricolor S. STR.

114 Gelbes Alpen-Stiefmütterchen
Pensée jaune
Viola gialla
Viola lutea HUDS.

115 Grossblütiger Fingerhut
Digitale à grandes fleurs
Digitale gialla grande
Digitalis grandiflora MILLER

116 Straussblütige Glockenblume
Campanule en thyrse
Campanula gialla
Campanula thyrsoides L.

117 Wald-Schlüsselblume
Primevère élevée
Primula maggiore
Primula elatior L.

118 Frühlings-Schlüsselblume
Primevère du printemps
Primula odorosa
Primula veris L. S.L.

119 Goldprimel
Androsace vitaliana
Vitaliana
Androsace vitaliana (L.) LAP.

120 Grosse Wachsblume
Grand mélinet
Erba-vajola maggiore
Cerinthe major L.

121 Getüpfelter Enzian
Gentiane ponctuée
Genziana punteggiata
Gentiana punctata L.

122 Arnika
Arnica
Arnica
Arnica montana L.

123 Alpen-Goldrute
Solidago verge-d`or des Alpes
Verga d`oro alpino / *Solidago virgaurea* ssp. *minuta* (L.)

124 Fuchs` Greiskraut
Séneçon ovale
Senecione di Fuchs
Senecio ovatus WILLD.

125 Grossköpfige Gemswurz
Doronic à grandes fleurs
Doronico dei macereti
Doronicum grandiflorum LAM.

126 Clusius` Gemswurz
Doronic de Clusius
Doronico del granito
Doronicum clusii TAUSCH

127 Alpen-Greiskraut
Séneçon des Alpes
Senecione alpino
Senecio alpinus (L.) SCOP.

128 Gemswurz-Greiskraut
Séneçon doronic
Senecione mezzano
Senecio doronicum L.

129 Felsen-Greiskraut
Séneçon des rochers
Senecione montanino
Senecio rupestris W. ET K.

130 Ebereisblättriges Greiskraut
Séneçon à feuilles d`aurone
Senecione abrotanino
Senecio abrotanifolius L.

131 Graues Greiskraut
Séneçon blanchâtre
Senecione biancheggiante
Senecio incanus ssp. *incanus* L.

132 Grauzottiges Habichtskraut
Epervière poilue
Sparviere peloso
Hieracium piliferum HOPPE

133 Steifhaariges Milchkraut
Liondent hispide
Dente di leone comune
Leontodon hispidus L. s.l.

134 Zottiges Habichtskraut
Epervière velue
Sparviere del calcare
Hieracium villosum L.

135 Moris` Habichtskraut
Epervière de Moris
Sparviere di Moris
Hieracium pilosum FROELICH

136 Wald-Habichtskraut
Epervière des murs
Sparviere dei boschi
Hieracium murorum L.

137 Berg-Pippau
Crépide de Boccone
Radicchiella subalpina
Crepis bocconei SELL.

138 Einköpfiges Ferkelkraut
Porcelle à une tête
Costolina alpina
Hypochaeris uniflora VILL.

139 Stengelumfassendes Habichtskraut
Epervière embrassante
Sparviere a foglie abbraccianti
Hieracium amplexicaule L.

140 Pyrenäen Pippau
Crépide des Pyrénées
Radicchiella dei Pirenei
Crepis pyrenaica (L.) GREUT.

141 Niedriges Habichtskraut
Epervière peu élevée
Sparviere lacerato
Hieracium humile JACQ.

142 Wiesen-Löwenzahn
Pissenlit officinal
Tarassaco comune
Taraxacum officinale WEBER

143 Hainlattich
Aposéris fétide
Lucertolina fetente
Aposeris foetida (L.) LESSING

144 Echte Edelraute
Genépi blanc, Genépi jaune
Assenzio genepi bianco
Artemisia umbelliformis LAM.

145 Weissliches Habichtskraut
Epervière à feuilles de chicorée
Sparviere vischioso
Hieracium intybaceum ALL.

146 Alpen-Löwenzahn, Berg-Milchkraut
Liondent des montagnes
Dente di leone montano
Leontodon montanus LAM.

147 Zwerg-Pippau
Crépide naine
Radicchiella dei ghiaioni
Crepis pygmaea L.

148 Ysopblättriges Gliedkraut
Crapaudine à feuilles d` hysope
Stregonia alpina
Sideritis hyssopifolia L.

149 Wald-Wachtelweizen
Mélampyre des forêts
Spigarola delle foreste
Melampyrum sylvaticum L.

150 Blassgelbe Betonie
Epiaire vulpin
Betonica bianca
Stachys alopecuros (L.) BENTH.

151 Berg-Goldnessel
Ortie jaune, Lamier galéobdolon
Ortica mora / *Lamium galeobdolon* ssp. *montanum* HAYEK

152 Schmalblättriger Klappertopf
Rhinanthe des glaciers
Cresta di gallo aristato
Rhinanthus glacialis PERSONN.

153 Zottiger Klappertopf
Rhinanthe velue
Cresta di gallo comune
Rhinanthus alectorolophus

154 Zwerg-Augentrost
Euphraise nain
Eufrasia minima
Euphrasia minima SCHLEICHER

155 Alpen-Wundklee
Anthyllide vulnéraire
Vulneraria comune / *Anthyllis vulneraria* ssp. *alpestris* A. ET G.

156 Alpen-Hornklee
Lotier des Alpes
Ginestrino
Lotus alpinus (DC) RAMOND

157 Gelber Eisenhut
Aconit tue-loup
Aconito giallo
Aconitum vulparia RCHB. AGG.

158 Klebrige Salbei
Sauge glutineuse
Salvia vischiosa
Salvia glutinosa L.

159 Gelbe Berg-Platterbse
Gesse jaune, Gesse de l`Occident
Cicerchia gialla
Lathyrus occidentalis FRITSCH

160 Alpenlinse
Astragale à fleurs pendantes
Astragalo giallo / *Astragalus penduliflorus* LAM.

161 Braun-Klee
Trèfle brun
Trifoglio bruno
Trifolium badium SCHREBER

162 Alpen-Spitzkiel
Oxytropis champêtre
Astragalo villoso
Oxytropis campestris (L.) DC S.L.

163 Blattreiches Läusekraut
Pédiculaire feuillée
Pedicolare fronzuta
Pedicularis foliosa L.

164 Knolliges Läusekraut
Pédiculaire tubéreuse
Pedicolare zolfina
Pedicularis tuberosa L.

165 Türkenbund
Lis martagon
Giglio martagone
Lilium martagon L.

166 Männertreu
Nigritelle noirâtre, Orchis vanillé
Nigritella comune
Nigritella nigra RICH.

167 Feuerlilie
Lis safrané
Giglio rosso, G. di San Giovanni
Lilium bulbiferum L. s.l.

168 Rundblättriges Täschelkraut
Tabouret à feuilles rondes
Erba storna rotundifoglia
Thlaspi rotundifolium (L.) GAUD.

169 Lichtblume
Bulbocode du printemps
Colchico di Spagna
Bulbocodium vernum L.

170 Herbst-Zeitlose
Colchique d`automne
Colchico d`autunno
Colchicum autumnale L.

171 Schnittlauch
Ciboulette, Civette
Aglio ungherese, Erba cipollina
Allium schoenoprasum L.

172 Wilde Mondviole
Lunaire vivace
Lunaria comune
Lunaria rediviva L.

173 Quirlblättriges Weidenröschen
Epilobe alpestre
Garofanino trifogliata
Epilobium alpestre KROCKER

174 Grosser Wiesenknopf
Pimprenelle officinale
Salvastrella maggiore
Sanguisorba officinalis L.

175 Alpen-Mannsschild
Androsace des Alpes
Androsace dei ghiacciai
Androsace alpina (L.) LAM.

176 Ganzblättrige Primel
Primevère à feuilles entières
Primula a foglie intere
Primula integrifolia L.

177 Wald-Weidenröschen
Epilobe à feuilles étroites
Garofanino maggiore
Epilobium angustifolium L.

178 Fleischers Weidenröschen
Epilobe de Fleischer
Garofanino di Fleischer
Epilobium fleischeri HOCHST.

179 Steinschmückel
Pétrocallis des Pyrénées
Petrocallis dei Pirenei
Petrocallis pyrenaica (L.) R. BR.

180 Rundblättriges Fettkraut
Orpin anacampséros
Borracina anacampsero
Sedum anacampseros L.

181 Echte Hauswurz
Joubarbe des toits
Semprevivo maggiore
Sempervivum tectorum L.

182 Spinnweb-Hauswurz
Joubarbe aranéeuse
Semprevivo ragnateloso
Sempervivum arachnoideum L.

183 Gletscher-Nelke
Oeillet des glaciers
Garofano glaciale
Dianthus glacialis HAENKE

184 Stein-Nelke
Oeillet des rochers, Pipolet
Garofano selvatico
Dianthus sylvestris WULFEN

185 Heilglöckchen
Cortuse de Matthiole
Cortusa di Matthioli
Cortusa matthioli L.

186 Kartäuser-Nelke
Oeillet des Chartreux
Garofano dei Certosini
Dianthus carthusianorum L. s.l.

187 Pracht-Nelke
Oeillet superbe
Garofano a pennacchio
Dianthus superbus L.

188 Mehl-Primel
Primevère farineuse
Primula farinosa
Primula farinosa L.

189 Alpen-Grasnelke
Arméria des Alpes
Spillone alpino
Armeria alpina WILLD.

190 Kalk-Polsternelke
Silène acaule
Silene a cuscinetto
Silene acaulis (L.) JACQ.

191 Rote Felsen-Primel
Primevère hérissée
Primula irsuta
Primula hirsuta ALL.

192 Zwerg-Primel
Primevère
Primula minima
Primula minima L.

193 Gemeines Alpenveilchen
Cyclamen pourpre
Ciclamino delle Alpi
Cyclamen purpurascens MILLER

194 Wald-Storchschnabel
Géranium des forêts
Geranio silvano
Geranium sylvaticum L.

195 Blassblütiger Storchschnabel
Géranium blanc
Geranio dei rivi
Geranium rivulare VILL.

196 Schlangen-Knöterich
Renouée bistorte, Serpentaire
Poligono bistorta
Polygonum bistorta L.

197 Leberbalsam, Steinbalsam
Erine des Alpes
Erinus
Erinus alpinus L.

198 Gegenblättriger Steinbrech
Saxifrage à feuilles opposées
Sassifraga a foglie opposte
Saxifraga oppositifolia L.

199 Gletscher-Hahnenfuss
Renoncule des glaciers
Ranuncolo glaciale
Ranunculus glacialis L.

200 Grosse Bibernelle
Grand boucage
Tragoselino maggiore
Pimpinella major (L.) HUDS.

201 Einseles Akalei
Ancolie de Einsele
Aquilegia di Einsele
Aquilegia einseleana SCHULTZ.

202 Berg-Lungenkraut
Pulmonaire des montagnes
Pulmonaria montana
Pulmonaria montana LEJEUNE

203 Berg-Baldrian
Valériane des montagnes
Valeriana montana
Valeriana montana L.

204 Dreiblatt-Baldrian
Valériane triséquée
Valeriana trifogliata
Valeriana tripteris L.

205 Purpur-Enzian
Gentiane pourpre
Genziana porporina
Gentiana purpurea L.

206 Gemeines Katzenpfötchen
Pied-de-chat dioïque
Sempiterni di montagna
Antennaria dioica GAERTN.

207 Langstielige Distel
Chardon décapité
Cardo dentellato
Carduus defloratus L. S.L.

208 Nickende Distel
Chardon penché
Cardo rosso
Carduus nutans L. S.L.

209 Grauer Alpendost
Adénostyle à feuilles d`alliaire
Cavolaccio alpino
Adenostyles alliariae KERNER

210 Kahler Alpendost
Adénostyle glabre
Cavolaccio verde
Adenostyles glabra DC.

211 Alpenlattich
Homogyne des Alpes
Tossilaggine alpina
Homogyne alpina (L.) CASS.

212 Filzige Klette
Bardane tomenteuse
Bardana lanuta
Arctium tomentosum MILLER

213 Alpen-Bergscharte
Stemmacanthe rhapontique
Stemmacanta gigante
Stemmacantha rhapontica (L.)

214 Kletten-Distel
Chardon bardane
Cardo personato
Carduus personata (L.) JACQ.

215 Wiesen-Flockenblume
Centaurée jacée
Fiordaliso stoppione
Centaurea jacea L. S.L.

216 Wollköpfige Kratzdistel
Cirse laineux
Cardo scardaccio
Cirsium eriophorum (L.) SCOP.

217 Niedrige Alpenscharte
Saussurée des Alpes
Saussurea delle Alpi
Saussurea alpina ssp. *depressa*

218 Echte Alpenscharte
Saussurée des Alpes
Saussurea delle Alpi
Saussurea alpina ssp. *alpina*

219 Gemeine Schafgarbe (rosa blühend)
Achillée millefeuille
Millefoglio montano
Achillea millefolium L. AGG.

220 Orangerotes Habichtskraut
Epervière orangée
Sparviere aureo
Hieracium aurantiacum L.

221 Federige Flockenblume
Centaurée nervée
Fiordaliso alpino
Centaurea nervosa WILLD.

222 Stengellose Kratzdistel
Cirse sans tige
Cardo nano
Cirsium acaule SCOP.

223 Alpen-Aster
Aster des Alpes
Astro alpino
Aster alpinus L.

224 Gold-Pippau
Crépide orangée
Radicchiella aranciata
Crepis aurea (L.) CASS.

225 Attisches Berufskraut
Vergerette d`Attique
Céspica attica
Erigeron atticus VILL.

226 Einköpfiges Berufskraut
Vergerette uniflore, V. à une tête
Céspica uniflora
Erigeron uniflorus L.

227 Alpen-Klee
Trèfle des Alpes
Trifoglio alpino
Trifolium alpinum L.

228 Berg-Spitzkiel
Oxytropis de Jacquin
Astragalo montano
Oxytropis jacquinii BUNGE

229 Berg-Wundklee
Anthyllide des montagnes
Vulneraria montana
Anthyllis montana L.

230 Hallers Spitzkiel
Oxytropis de Haller
Astragalo di Haller
Oxytropis halleri KOCH S.L.

231 Feld-Thymian
Thym serpolet
Timo comune
Thymus serpyllum L. AGG.

232 Alpen-Steinquendel
Sarriette des Alpes
Acino alpino
Acinos alpinus (L.) MOENCH

233 Gestutztes Läusekraut
Pédiculaire tronquée
Pedicolare alata
Pedicularis recutita L.

234 Quirlblättriges Läusekraut
Pédiculaire verticillée
Pedicolare a foglie verticillata
Pedicularis verticillata L.

235 Kerners Läusekraut
Pédiculaire de Kerner
Pedicolare di Kerner
Pedicularis kerneri D.T.

236 Gemeine Brunelle
Brunelle vulgaire
Prunella comune, Brunella
Prunella vulgaris L.

237 Berg-Esparsette
Esparsette des montagnes
Lupinella montana
Onobrychis montana DC.

238 Alpen-Süssklee
Sainfoin des Alpes
Sulla alpina
Hedysarum hedysaroides (L.)

239 Alpenhelm
Bartsie des Alpes
Bartsia
Bartsia alpina L.

240 Alpen-Leinkraut
Linaire des Alpes
Linajola alpina
Linaria alpina (L.) MILLER

241 Alpen-Helmkraut
Scutellaire des Alpes
Scutellaria delle Alpi
Scutellaria alpina L.

242 Edel-Gamander
Germandrée petit chêne
Camedrio comune
Teucrium chamaedrys L.

243 Berg-Anemone
Pulsatille des montagnes
Pulsatilla montana
Pulsatilla montana RCHB.

244 Hallers Anemone
Pulsatille de Haller
Pulsatilla di Haller
Pulsatilla halleri (ALL.) WILLD.

245 Alpen-Ehrenpreis
Véronique des Alpes
Veronica delle Alpi
Veronica alpina L.

246 Blattloser Ehrenpreis
Véronique à tige nue
Veronica minore
Veronica aphylla L.

247 Felsen-Ehrenpreis
Véronique buissonnante
Veronica fruticosa
Veronica fruticans JACQ.

248 Halbstrauchiger Ehrenpreis
Véronique sous-ligneuse
Veronica rosea
Veronica fruticulosa L.

249 Voralpen-Kreuzblume
Polygala alpestre
Poligala alpestre
Polygala alpestris RCHB.

250 Sumpf-Vergissmeinnicht
Myosotis des marais
Nontiscordardimè delle paludi
Myosotis scorpioides L.

251 Wald-Vergissmeinnicht
Myosotis des forêts
Nontiscordardimè dei boschi
Myosotis sylvatica HOFFM.

252 Alpen-Lein
Lin des Alpes
Lino celeste
Linum alpinum JACQ.

253 Glänzende Skabiose
Scabieuse luisante
Vedovina alpestre
Scabiosa lucida VILL.

254 Alpen-Vergissmeinnicht
Myosotis alpestre
Nontiscordardimè alpino
Myosotis alpestris SCHMIDT

255 Langsporniges Stiefmütterchen
Pensée éperonnée
Viola con sperone
Viola calcarata L.

256 Koch`scher Enzian
Gentiane de Koch
Genziana di Koch
Gentiana acaulis L. S. STR.

257 Wald-Witwenblume
Knautie à feuilles de cardère
Ambretta occidentale
Knautia dipsacifolia KREUTZER

258 Alpen-Mannstreu
Panicaut des Alpes
Regina delle Alpi
Eryngium alpinum L.

259 Alpen-Enzian
Gentiane des Alpes
Genziana acaule
Gentiana alpina VILL.

260 Clusius` Enzian
Gentiane de Clusius
Genziana di Clusius
Gentiana clusii PERR. ET SONG.

261 Schwalbenwurz-Enzian
Gentiane à feuilles d`asclépiade
Genziana asclepiade
Gentiana asclepiadea L.

262 Feld-Enzian
Gentiane champêtre
Genziana campestre
Gentiana campestris BÖRNER

263 Kurzblättriger Enzian
Gentiane à feuilles courtes
Genziana a foglie brevi
Gentiana brachyphylla VILL.

264 Enzian
Gentiane
Genziana angustifolia
Gentiana angustifolia VILL.

265 Frühlings-Enzian
Gentiane printanière
Genziana primaticcia
Gentiana verna L.

266 Bärtige Glockenblume
Campanule barbue
Campanula barbata
Campanula barbata L.

267 Rundköpfige Rapunzel
Raiponce orbiculaire
Raponzolo orbiculare
Phyteuma orbiculare L.

268 Alpen-Tragant
Astragale des Alpes
Astragalo alpino
Astragalus alpinus L.

269 Niedliche Glockenblume
Campanule à feuilles de cranson
Campanula dei ghiaioni
Campanula cochleariifolia LM.

270 Rautenblättrige Glockenblume
Campanule à feuilles rhomboïdales
Campanula romboidale
Campanula rhomboidalis L.

271 Ausgeschnittene Glockenblume
Campanule incisée
Campanula incisa
Campanula excisa MURITH

272 Scheuchzers Glockenblume
Campanule de Scheuchzer
Campanula di Scheuchzer
Campanula scheuchzeri VILL.

273 Breitblättrige Glockenblume
Campanule à larges feuilles
Campanula maggiore
Campanula latifolia L.

274 Himmelsleiter
Polémoine bleue
Valeriana greca
Polemonium coeruleum L.

275 Grosses Alpenglöckchen
Soldanelle des Alpes
Soldanella comune
Soldanella alpina L.

276 Kleines Alpenglöckchen
Petite soldanelle
Soldanella della silice
Soldanella pusilla BAUMG.

277 Betonienblättrige Rapunzel
Raiponce à feuilles de bétonie
Raponzolo montano
Phyteuma betonicifolium VILL.

278 Halbkugelige Rapunzel
Raiponce hémisphérique
Raponzolo alpino
Phyteuma hemisphaéricum L.

279 Scheuchzers Rapunzel
Raiponce de Scheuchzer
Raponzolo di Scheuchzer
Phyteuma scheuchzeri ALL.

280 Berg-Flockenblume
Centaurée des montagnes
Fiordaliso montano
Centaurea montana L.

281 Alpen-Milchlattich
Cicerbite des Alpes, Laitue des Alpes
Cicerbita violetta
Cicerbita alpina (L.) WALLR.

282 Plumiers Milchlattich
Cicerbite de Plumier
Cicerbita di Plumier
Cicerbita plumieri (L.) KIRSCHL.

283 Schaft-Kugelblume
Globulaire à tige nue
Vedovelle alpine
Globularia nudicaulis L.

284 Herzblättrige Kugelblume
Globulaire à feuilles en coeur
Vedovelle celesti
Globularia cordifolia L.

285 Drachenmaul
Hormin des Pyrénées
Ormino
Hormium pyrenaicum L.

286 Hoher Rittersporn
Dauphinelle élevée
Speronella elevata
Delphinium elatum L.

287 Blauer Eisenhut
Casque-de-Jupiter, Aconit napel
Aconito napello
Aconitum napellus L. AGG.

288 Rispiger Eisenhut
Aconit panaché
Aconito screziato / Aconitum
variegatum ssp. paniculatum

289 Zypressenblättrige Wolfsmilch
Euphorbe faux cyprès
Euphorbia cipressina
Euphorbia cyparissias L.

290 Guter Heinrich
Chénopode Bon-Henri
Farinello Buon-Enrico
Chenopodium bonus-henricus L.

291 Gemeiner Frauenmantel
Alchémille vulgaire
Ventaglina comune
Alchemilla vulgaris L. S.L.

292 Gelbgrüner Frauenmantel
Alchémille
Ventaglina
Alchemilla xanthochlora S. STR.

293 Schlangen-Wegerich
Plantain serpentant
Piantaggine strisciante
Plantago serpentina ALL.

294 Kleiner Wiesenknopf
Petite pimprenelle
Salvastrella minore, Bibinella
Sanguisorba minor SCOP. S.L.

295 Strahlenlose Kamille
Matricaire fausse camomille
Camomilla falsa
Matricaria discoidea DC.

296 Alpen-Ampfer
Rumex des Alpes
Romice alpino
Rumex alpinus L.

297 Schnee-Ampfer
Rumex des neiges
Romice nivale
Rumex nivalis HEGETSCHW.

298 Schildblättriger Ampfer
Rumex à écussons, Oseille ronde
Romice scudato
Rumex scutatus L.

299 Säuerling
Oxyria à deux styles
Acetosa soldanella
Oxyria digyna (L.) HILL.

300 Kleiner Sauerampfer
Rumex petite oseille
Romice acetosella
Rumex acetosella L. AGG.

301 Weisser Germer
Vératre blanc
Veratro bianco, Veratro comune
Veratrum album L. S.L.

302 Silbermantel, Alpen-Frauenmantel
Alchémille des Alpes
Ventaglina alpina
Alchemilla alpina L. AGG.

303 Alpen-Wegerich
Plantain des Alpes
Piantaggine delle Alpi
Plantago alpina L.

304 Sternblütiges Hasenohr
Buplèvre étoilé
Bupleuro stellato
Bupleurum stellatum L.

1 Gemeine Mondraute – *Botrychium lunaria* (L.) SW.

Merkmale: 5–30 cm hohe Pflanze mit mannigfachen Formen und weltweiter Verbreitung; der nichtsporentragende Teil auf der Höhe zwischen 1/3 und 2/3 der Stengelhöhe abzweigend, 3–12 cm lang, bis 4 cm breit, meist kurz gestielt, im Umriss oval, an der Spitze abgerundet, glänzend kahl, gelblichgrün und mit jederseits bis 9 sich meist überdeckenden, halbkreisförmigen, ganzrandigen und/oder stumpfgezähnten Fiedern.
Sporentragender Teil: Meist lang gestielt, 1–3fach gefiedert, im Umriss meist schmal oval, den nichtsporentragenden Teil stark überragend und rispenartig verzweigt; Sporangien braun bis rotbraun gefärbt und im Sommer reifend.
Standort: Von der kollinen bis in die alpine Stufe zerstreut in Magerrasen, Weiden, Bergwiesen, Schutthalden, entlang von Wegrändern, bei Böschungen auf trockenen bis mässig frischen, meist kalkarmen oder entkalkten, auch sauren, sandigen bis lehmigen Böden; Lichtpflanze; oft nur vereinzelt oder in kleinen Gruppen anzutreffen.

2 Rippenfarn – *Blechnum spicant* (L.) ROTH

Merkmale: 20–70 cm hoher Farn; nichtsporentragende Teile dem Boden anliegende oder leicht aufsteigende Rosette bildend; Spreiten lanzettlich, bis 60 cm lang, 4–8 cm breit, lederig, dunkelgrün, kahl, meist einfach gefiedert, jederseits mit 30–50 etwas nach vorn gebogenen, ganzrandigen, stumpfen bis schwach zugespitzten, kammförmigen Fiedern.
Sporentragender Teil: Bis 70 cm hohe, steif aufrechte, mit langen Stielen versehene, sehr schmale Fiedern, die aus der Mitte der nichtsporentragenden Rosette entspringen und erst nach ihrer Ausbildung erscheinen.
Sori: Zur Zeit der Reife im Sommer die gesamte Unterseite der schmalen Fiedern deckend; Schleier der Sori zur Zeit der Sporenreife zurückgebogen.
Standort: In der montanen und subalpinen Stufe in Fichtenwäldern, artenarmen Tannenwäldern, als Waldrelikt auf Weiden und im Erlenbruchwald auf frischen bis feuchten, nährstoff- und basenarmen, humosen und etwas sauren Böden; häufig anzutreffende Farnpflanze.

3 Gemeiner Tüpfelfarn – *Polypodium vulgare* L.

Merkmale: 10–40 cm langer, bis 8 cm breiter, lanzettlich bis ovaler, fiederteiliger bis gefiederter, lang gestielter und ausdauernder Farn mit bis 40 cm langem, ausdauerndem Rhizom; Fiederblätter wechselständig angeordnet, 2–5mal so lang wie breit, lanzettlich, am Ende abgerundet, ganzrandig oder fein gezähnt und mittelgrün gefärbt; Seitenadern der untersten Fiedern 1–3mal gegabelt.
Sporentragender Teil: Unterseite der Fiedern.
Sori: Unreife und reife Sori mit runder Form und auf der Unterseite in 2 Reihen verteilt; Sporenreife im Sommer und Herbst.
Standort: Von der kollinen bis in die subalpine Stufe in Laubmischwäldern, in schattigen Felsen, bei Baumstrünken, am Fuss von mit Moosen überwachsenen Bäumen auf mässig trockenen, kalkarmen, meist etwas sauren, etwas flachgründigen Böden in wintermilder und luftfeuchter Lage; Halbschattenpflanze; früher als Heilpflanze verwendet; an geschützten Orten überwinternd und letztjährige Triebe erst im Frühling absterbend; Farn im Vorsommer wieder neu austreibend.

4 Villars Wurmfarn – *Dryopteris villarii* (BELL.) SCH. ET TH.

Merkmale: 15–60 cm hoher, bis 15 cm breiter, schmal ovaler Farn, der steif aufrechte und trichterförmige Büschel bildet; 2fache Fiederung; Oberseite der Fiedern mit kleinen, gelblichen und kugelig geformten Drüsen besetzt; Blattstiel im untersten Teil schwarz und mit hellrötlichbraunen Spreuschuppen besetzt; Fiedern 1. Ordnung jederseits bis 25 an der Zahl, sich besonders im oberen Bereich berührend oder leicht deckend und durch Drehung des Stiels oft senkrecht zur Blattfläche gestellt; Fiedern 2. Ordnung mit stumpfer aber deutlich gezähnter Spitze, einfach bis doppelt gezähnt.
Sporentragender Teil: Unterseite der Fiedern.
Sori: Rundlich und sich zur Reifezeit (Spätsommer bis Herbst) meist berührend; Schleier dicht mit gelblich hellbräunlichen Drüsen besetzt.
Standort: In der subalpinen Stufe in steilen Kalkgeröllhalden (mit 7–8 Monaten Schneebedeckung) besonders in Gebieten mit hoher Luftfeuchtigkeit; oft auf feinerdearmem Untergrund; in den zentralen Gebieten fehlend.

5 Geröll-Wurmfarn, Kleiner W. – *Dryopteris oreades* (DC.) NEWM.
Merkmale: 30–100 cm hoher Farn mit dickem Rhizom und mit im Herbst absterbenden Blättern; diese sind im Umriss meist schmal oval, nach dem Grunde zu deutlich verschmälert, am Ende zugespitzt und einfach gefiedert; Fiedern zu 20–40 Paaren, deutlich bis zur Mittelader geteilt; einzelne Abschnitte mehr oder weniger rechteckig, oben abgerundet, deutlich gezähnt und unterseits deutlich mit kleinen Drüsen besetzt.
Sporentragender Teil: Laubblätter (auf der Unterseite der Fiedern).
Sori: Auf den Fiedern meist nur in den beiden unteren Dritteln ausgebildet (seltener bis an die Fiederspitzen reichend), kugelförmig, mit derbem Schleier und mit Drüsen besetzt; Sporenreife erst im Herbst.
Standort: In der montanen und subalpinen Stufe auf meist nordexponierten, kalkfreien Blockschutthalden ganze Bestände bildend; nördlich bis England, Irland, Island und Grönland reichend, südwärts bis zu den südlichen Alpen, den Pyrenäen, dem Appenin und der Insel Elba.

6 Breiter Wurmfarn – *Dryopteris dilatata* (HOFFM.) GRAY
Merkmale: 10–150 cm hoher Farn mit senkrechtem oder aufsteigendem Rhizom und weich anzufühlenden, bogig überneigenden Blättern; Stiel mit gelblichen Drüsen besetzt, reich an Spreuschuppen und kürzer als die Blattspreite; diese ist bis 70 cm lang, breit dreieckig bis breit oval, oft beiderseits mit Drüsen besetzt und 2–3fach gefiedert; Fiedern 2. Ordnung besonders im oberen Bereich sich oft berührend; Fiedern 3. Ordnung fiederteilig und mit stachelspitzig gezähnten Abschnitten.
Sporentragender Teil: Laubblätter (Unterseite der Fiedern).
Sori: Sie berühren sich zur Reifezeit nicht; Schleier am Rande oft gezähnt; Sporenreife im Sommer und Herbst.
Standort: In der montanen und subalpinen Stufe (seltener auch alpin) in kraut- und grasreichen Buchen-, Tannen- und Fichtenwäldern, im Geröll in schattigen Lagen auf sickerfrischen bis feuchten, oft durchrieselten, mehr oder weniger nährstoffreichen, mässig sauren, modrig humosen, sandig und steinigen Lehm- und Schuttböden; Schattenpflanze; oft grössere Bestände bildend.

7 Gemeiner Waldfarn – *Athyrium filix-femina* (L.) ROTH
Merkmale: 30–120 cm hoher, ausdauernder und mit waagrechtem bis senkrechtem Rhizom versehener Farn; Blätter büschelig angeordnet, kurz gestielt und 2–3fach gefiedert; Stiel am Grunde bis 2 cm breit, dunkelbraun bis schwarz und mit dunkelbraunen Spreuschuppen; Blattspreite bis 100 cm lang, oval, kahl, mit bis 30 Fiederpaaren 1. Ordnung; Fiedern schmal lanzettlich, fein zugespitzt, etwas nach vorn gerichtet und sich oft berührend oder überdeckend; Fiederchen 2. Ordnung bis 3 cm lang, fein zugespitzt, sich kaum oder nur am Grunde berührend, grob gezähnt bis fiederteilig.
Sporentragender Teil: Laubblätter (Unterseite der Fiedern).
Sori: Länglich, hufeisenförmig oder oval; Schleier am Rande gezähnt oder gewimpert und bei der Sporenreife meist noch vorhanden; Sporenreife im Sommer und Herbst.
Standort: Von der kollinen bis in die subalpine Stufe (seltener auch alpin) verbreitet in krautreichen Laub- und Nadelwäldern, auf Bergweiden, im Steinschutt besonders in Schattenlagen auf frischen bis sickerfeuchten, kalkarmen, humosen, sandigen oder reinen Lehm- und Tonböden.

8 Alpen-Waldfarn – *Athyrium disentifolium* OPIZ.
Merkmale: 30–100 cm hoher, ausdauernder, mit waagrecht bis senkrecht stehendem Rhizom versehenen Farn; Blätter büschelig angeordnet, gestielt und 2–3fach gefiedert; Blattstiel am Grunde verbreitet, dunkel gefärbt, mit Spreuschuppen bedeckt; Spreite bis 80 cm lang, oval, kahl und mit bis 30 Fiederpaaren 1. Ordnung; Fiedern lanzettlich, fein zugespitzt, vor allem im vorderen Teil nach vorn gerichtet und sich sehr oft berührend oder überdeckend; Fiederchen 2. Ordnung sich oft berührend und mit im Umriss meist abgerundeter Spitze.
Sporentragender Teil: Laubblätter (Unterseite der Fiedern).
Sori: Rundlich; Schleier sehr klein, vor der Reife der Sporen weg; Sporenreife im Sommer.
Standort: In der subalpinen Stufe (seltener montan oder alpin) in staudenreichen Bergmischwäldern, Hochstaudenfluren, Zwergstrauchheiden und im Steinschutt besonders in Schattenlagen auf lockeren, sickerfrischen, mehr oder weniger basenreichen, oft kalkarmen, mässig sauren, vielfach steinigen Lehmböden mit langer Schneebedeckung.

9 Lanzenfarn, Lanzen-Schildfarn – *Polystichum lonchitis* (L.) ROTH

Merkmale: 20–50 cm hoher, ausdauernder Farn mit dickem Rhizom und erst im Juli des anderen Jahres absterbenden Blättern; Blattstiel bis 8 cm lang und mit grossen, braunen, haarartigen Spreuschuppen versehen; Spreite bis 45 cm lang, lanzettlich, zugespitzt, nach dem Grunde zu verschmälert und einfach gefiedert; Fiedern lederig, starr, oberseits glänzend, unterseits mit Spreuschuppen, sehr kurz gestielt, sich meist berührend, sichelförmig aufwärts gekrümmt, stachelig gezähnt, mit spitzem und vergrössertem Zahn versehen.

Sporentragender Teil: Laubblätter (auf der Unterseite der Fiedern Sori in 2 Reihen angeordnet).

Sori: Oft einander berührend und bis 1,5 mm breit; Schleier rund; Sporenreife im Spätsommer.

Standort: Von der montanen bis in die subalpine Stufe auf Schutthalden, Felsblöcken, in Steinschutt-Bergwäldern und Felsspalten auf frischen, feinerdearmen und meist kalkhaltigen oder sonst basenreichen Böden mit langer Schneebedeckung; geschützte Pflanzenart; Licht-Halbschattpflanze; Nordgrenze durch Island.

10 Dorniger-/gelappter Schildfarn – *Polystichum aculeatum* (L.) ROTH

Merkmale: 20–70 cm hoher, ausdauernder Farn; Rhizom dick; Blattstiel bis 20 cm lang und wie die Blattspindel mit zahlreichen dunkelbraunen, glänzenden Spreuschuppen; Spreite bis 60 cm lang, im Umriss lanzettlich bis schmal oval, kurz zugespitzt, gegen den Grund zu verschmälert, derb, nur unterseits mit haarähnlichen, etwas weisslichen Spreuschuppen und doppelt gefiedert; Fiedern 1. Ordnung im oberen Bereich deutlich nach oben gerichtet, bis 10 cm lang, schmal lanzettlich, in eine feine Spitze auslaufend und jederseits bis 40 an der Zahl; Fiedern 2. Ordnung gestielt bis sitzend, am Rande grannig gezähnt; unterstes Fiederchen der jeweils oberen Reihe grösser als die nachfolgenden.

Sporentragender Teil: Laubblätter (Unterseite der Fiedern).

Sori: Gross, sich sehr oft berührend; Sporenreife im Sommer und Herbst.

Standort: In der montanen und subalpinen Stufe in schattigen Schutthalden, Schluchtwäldern und schattigen Fichtenwäldern auf feuchten, mehr oder weniger nährstoff- und basenreichen, kalkarmen oder kalkreichen Böden.

11 Braunstieliger Streifenfarn – *Asplenium trichomanes* MILDE

Merkmale: 10–30 cm hoher, ausdauernder und grün überwinternder Farn mit dickem Rhizom; Laubblätter in grösserer Zahl in dichten Büscheln wachsend, der Unterlage anliegend oder aufgerichtet und einfach gefiedert; Blattstiel und Blattspindel beiderseits geflügelt und durchgehend glänzend dunkelbraun; Spreite bis 25 cm lang, bis 2 cm breit, im Umriss schmal lanzettlich und dunkelgrün gefärbt; Fiedern jederseits bis zu 40 an der Zahl, oval, mit ungleichen Basisseiten, am Ende abgerundet und stumpf gezähnt.

Sporentragender Teil: Laubblätter (Unterseite der Fiedern).

Sori: Bis 2 mm lang, 4–6 an der Zahl und von der Mittelader gesehen nach aussen gerichtet; Schleier auch während der im Spätsommer stattfindenden Sporenreife sichtbar.

Standort: Von der kollinen bis in die subalpine Stufe bei Mauern, in Schutthalden und Felsspalten auf kalkarmen und auch kalkreichen, trockenen, aber auch feuchten Böden in sonnigen und schattigen Lagen; an sonnigen Lagen Fiedern kleiner ausgebildet; verschiedene Formen bekannt.

12 Braungrünstieliger Streifenfarn – *Asplenium adulterinum* MILDE

Merkmale: 5–20 cm hoher, mit waagrecht bis senkrecht stehendem Rhizom versehener Farn, der oft grünlich überwintert; Blätter bis 20 cm lang, in dichten Büscheln wachsend, steif aufrecht und einfach gefiedert; Stiel und der überwinternde Teil der Blattspindel glänzend dunkelbraun und nicht geflügelt; oberste 1–3 cm der Spindel grün gefärbt; Spreite bis 18 cm lang, im Umriss schmal lanzettlich, dunkelgrün gefärbt und jederseits mit bis 30 Fiedern; diese sind breit oval bis rhombisch, mit deutlich gewölbter Oberfläche, am Ende abgerundet und stumpf gezähnt.

Sporentragender Teil: Laubblätter (Unterseite der Fiedern).

Sori: Pro Fieder 6–8, länglich, bei der Reife den Rand meist nicht erreichend, sich zu diesem Zeitpunkt jedoch oft berührend; Schleier bei der Reife der Sporen im Sommer zurückgebogen.

Standort: Von der kollinen bis in die subalpine Stufe an Felsen und im Geröll (nur auf Serpentin-Gestein: *Asplenium serpentini* und *Asplenium adulterinum* bilden die einzigen typischen Streifenfarne auf Serpentingestein); nördliches Vordringen der Art bis Norwegen und Südschweden.

13 Buchenfarn – *Phegopteris connectilis* (MICHX.) WATT

Merkmale: 10–30 cm hoher Farn mit dünnem, kriechendem Rhizom; Laubblätter einfach bis doppelt gefiedert und nicht überwinternd; Blattstiel dünn, gelblich bis grünlich, am Grunde dunkelgrün; Blattspreite im Umriss pfeilförmig bis dreieckig, bis 20 cm lang, weich anzufühlen, hellgrün und beiderseits behaart; unterstes Fiederpaar meist schräg abwärts gerichtet, die darauffolgenden senkrecht stehend oder gegen die Spitze zu gerichtet; Fiedern 1. Ordnung schmal lanzettlich, sitzend, am Ende abgerundet oder kurz zugespitzt und gefiedert oder gezähnt.
Sporentragender Teil: Laubblätter (auf der Unterseite der Fiedern).
Sori: Rundlich, meist in der Nähe der Abschnittsränder und ohne Schleier; Sporenreife im Sommer.
Standort: Von der kollinen bis in die subalpine Stufe bei Baumstrünken, in krautreichen Tannen-, Fichten- und Laubmischwäldern, Hochstaudenfluren auf frischen bis feuchten, lockeren, kühlen, mehr oder weniger nährstoff- und basenreichen, kalkarmen, auch mässig sauren und steinigen Lehmböden; Schattenpflanze.

14 Keilblättriger Streifenfarn – *Asplenium cuneifolium* VIV.

Merkmale: 10–40 cm hoher Farn mit aufsteigendem Rhizom und 2facher Fiederung; Blattstiel oberseits im Bereich der Spreite grün, darunter durchgehend braun (wie Unterseite); Spreite bis 30 cm lang, im Umriss dreieckig bis oval, kurz zugespitzt, mit einer meist nach vorn gerichteten Spitze und etwas lederartig; Fiedern 1. Ordnung im Umriss oval, stumpf oder breit abgerundet und gegen den Grund zu keilförmig verschmälert; Fiedern 2. Ordnung oval, abgerundet, keilförmig verschmälert und im oberen Bereich gezähnt.
Sporentragender Teil: Laubblätter (Unterseite der Fiedern).
Sori: 3–5 mm lang, schräg nach aussen gerichtet, den Rand sehr oft erreichend und während der Sporenreife im Sommer den grössten Teil der Fiederfläche bedeckend.
Standort: In der montanen und subalpinen Stufe an Felsen, auf Geröll (nur auf Serpentin) und bei steinigen Abhängen; Vordringen dieser mittel- und südeuropäischen Gebirgspflanze südlich bis Korsika und dem Gebirge der Balkanhalbinsel.

15 Mauerraute – *Asplenium ruta-muraria* L.

Merkmale: 5–25 cm hoher, überwinternder Farn mit kurzem und oft verzweigtem Rhizom; Laubblätter büschelig, dunkelgrün, matt, derb und 2–3fach gefiedert; Stiel dünn, grün, gleich lang oder länger als die Spreite, an der Basis dunkelbraun und mit Spreuschuppen besetzt; junge Stiele mit kurzen Drüsen; Spreite lanzettlich bis oval oder dreieckig, ohne Drüsenhaare und graugrün; Fiedern meist deutlich gestielt, lanzettlich, oval oder rhombisch, fein gezähnt oder bis gegen die Mitte zu 2–3teilig.
Sporentragender Teil: Laubblätter (Unterseite der Fiedern).
Sori: Bis 1,5 mm lang, linealisch, pro Fieder 2–5 an der Zahl, von der Mittelader schräg nach oben gerichtet und zur Zeit der Sporenreife den Rand oft deutlich erreichend; Schleier gezähnt; Sporenreife während des ganzen Jahres.
Standort: Von der kollinen bis in die alpine Stufe häufig an Felsen und Mauern besonders auf Kalk an sonnigen, trockenen und lichtexponierten, aber auch schattigen und feuchten Lagen; sehr formenreiche Art.

16 Berg-Blasenfarn – *Cystopteris montana* DESV.

Merkmale: 10–40 cm hoher, 3–4fach gefiederter Farn mit meist horizontal liegendem Rhizom; Blattstiel 5–25 cm lang, dünn, länger als die Spreite, im mittleren und oberen Bereich gelblich und am Grund dunkelbraun; Spreite bis 15 cm lang, im Umriss dreieckig und zugespitzt; Fiedern 1. Ordnung im unteren Bereich gestielt, dreieckig bis oval, zugespitzt und gegen die Spitze zu immer weniger stark geteilt; unterstes Fiederpaar grösser als die darauffolgenden; Fiedern 2. und 3. Ordnung bis fast zur Mittelader fiederteilig, ihre Abschnitte schmal, abgerundet und oft mehrzähnig.
Sporentragender Teil: Laubblätter (Unterseite der Fiedern).
Sori: Klein und sich kaum oder nur wenig berührend; Schleier kahl oder nur mit wenigen Drüsen besetzt; Sporenreife im Sommer.
Standort: Meist in der subalpinen Stufe in Felsspalten, Laub- und Nadelwäldern, im Grünerlen-Gebüsch und im Kalk-Steinschutt auf feuchten Böden in schattigen Lagen; nördlich bis Südengland und südlich bis in die zentralspanischen Gebirge.

17 Sudeten-Blasenfarn – *Cystopteris sudetica* MILDE

Merkmale: 10–30 cm hoher Farn mit langem und horizontal kriechendem Rhizom; Laubblätter 3–4fach gefiedert; Stiel 5–20 cm lang, dünn, mit Spreuschuppen besetzt, ohne Drüsen und länger als die Blattspreite; diese ist bis 15 cm lang, im Umriss dreieckig bis breit eiförmig, hell- bis mittelgrün und zugespitzt; Fiedern 1. Ordnung bis weit hinauf geteilt, im Umriss lanzettlich bis schmal oval, zugespitzt und mit Ausnahme der obersten Bereiche ebenfalls gefiedert; Fiedern 2. Ordnung fiederteilig und ihre Abschnitte fiederteilig bis eingeschnitten oder mehrzähnig.
Sporentragender Teil: Laubblätter (auf der Unterseite der Fiedern).
Sori: Klein und sich kaum oder nur wenig berührend; Schleier mit vielen Drüsen bedeckt; Sporenreife im Sommer.
Standort: In der montanen Stufe in Laubmischwäldern, Steinschutt-Mischwäldern, Schluchten und in Felsspalten auf feuchten, humosen, beschatteten und kalkigen Böden; in reinen Herden oder zusammen mit dem Berg-Blasenfarn, zerbrechlichen Blasenfarn und dem Ruprechtsfarn.

18 Alpen-Blasenfarn – *Cystopteris alpina* (LAM.) DESV.

Merkmale: 5–30 cm hoher Farn mit kurzem und horizontal liegendem Rhizom und 2–3facher Fiederung; Laubblätter rosettenartig angeordnet und oft etwas durchscheinend; Stiel meist kürzer als die Blattspreite; diese ist im Umriss länglich lanzettlich und zugespitzt; 1. Fiederpaar kürzer als die nachfolgenden; Fiedern 1. Ordnung länglich bis schmal oval, an der Spitze ausgerandet, mit keilförmigem Grund; Fiedern 2. Ordnung mit tief eingeschnittenen Abschnitten; diese sind an der Spitze abgerundet oder stumpf und deutlich ausgerandet bis 2zähnig.
Sporentragender Teil: Laubblätter (Unterseite der Fiedern).
Sori: Zur Zeit der Sporenreife im Spätsommer und Herbst sich berührend und vielfach die gesamte Fläche der Abschnitte deckend.
Standort: In der subalpinen und alpinen Stufe in feuchten Felsspalten und im Geröll; nur auf Kalk anzutreffen; nördlich bis England und Schweden; südlich bis in die Pyrenäen; im Gebiet in der kollinen Stufe selten und hier nur verschleppt oder angeweht.

19 Rollfarn – *Cryptogramma crispa* R. BR.

Merkmale: 15–30 cm hoher Farn mit kriechendem Rhizom und büschelig angeordneten Laubblättern; diese sind meist 3fach gefiedert und als sporentragende und nichtsporentragende ausgebildet; Stiel kahl, gelblich bis grünlich gefärbt und meist länger als die Spreite; diese ist dreieckig bis oval ausgebildet und besitzt 5–9 Fiederpaare 1. Ordnung (Fiedern der Paare meist wechselständig); Fiedern 2. Ordnung oval und gestielt; Fiedern 3. Ordnung fiederteilig und mit keilförmigem Grund; Fiedern 3. Ordnung bei sporentragenden Blättern zylindrisch, eingerollt und damit die Sori bei der Reifung der Sporen einhüllend; seltener an nichtsporentragenden Blättern an der Spitze sporentragende Endfieder ausgebildet.
Sporentragender Teil: Laubblätter (in den eingerollten Abschnitten).
Sori: Rundlich bis oval, ohne Schleier; Sporenreife im Spätsommer und Herbst.
Standort: In der subalpinen und alpinen Stufe in Grobschutt-Halden und an locker gesetzten Steinmauern auf Silikatgestein; häufig und gesellig.

20 Gemeiner-/Zerbrechlicher Blasenfarn – *Cystopteris fragilis* (L.) BERNH.

Merkmale: 10–40 cm hoher, 2–3fach gefiederter Farn mit meist horizontal liegendem, kurzem und verzweigtem Rhizom; Blattstiel oft so lang wie die Spreite, im oberen Bereich grünlich bis gelblich, sonst glänzend braunrot und unten dicht spreuschuppig; Spreite im Umriss lanzettlich bis oval und zugespitzt; Fiedern 1. Ordnung an der Basis der Spreite voneinander weiter entfernt als im oberen Bereich, fast gegenständig, zuoberst sehr nahe beieinander liegend, oft etwas gestielt und zugespitzt; Fiedern 2. Ordnung oval bis lanzettlich, fiederteilig oder noch einmal gefiedert.
Sporentragender Teil: Laubblätter (Unterseite der Fiedern).
Sori: Bei der Reife der Sporen sich berührend und dann die gesamte Unterseite der Abschnitte bedeckend; Sporenreife im Sommer.
Standort: Von der kollinen bis in die alpine Stufe (bei Schneeschutz bis 3000 m hinaufsteigend) in Felsen, Mauern, alten Brunnen und Steinschuttwäldern auf frischen bis feuchten, meist schattigen, kalkhaltigen oder sonst basenreichen Böden; Halbschattpflanze.

21 Allermannsharnisch – *Allium victorialis* L.

Merkmale: Von Juni bis August blühend und 30–60 cm hoch; Stengel rund.

Laubblätter: 10–20 cm lang, 2–5 cm breit, breit lanzettlich bis schmal oval, undeutlich 1–2 cm lang gestielt, oft röhrig hohl und zu 1–3 an der Pflanze wachsend; stark nach Lauch riechend.

Blütenstand: Dichtblütige und kugelige Scheindolde, die vor Blühbeginn mit einer Hülle umschlossen ist.

Blüten: Perigonblätter 6, bis 6 cm lang, nicht verwachsen, am Ende stumpflich oder zugespitzt, weiss bis gelblich; Staubblätter 6 und aus der Blütenhülle herausragend; Fruchtknoten oberständig und mit einem dreinarbigen Griffel.

Früchte: Kapseln.

Standort: In der subalpinen und alpinen Stufe in steinigen Matten, an felsigen Hängen, auch in Zwergstrauchgesellschaften auf mässig trockenen bis sickerfeuchten, meist basenreichen (oft auch kalkfreien) und humosen Lehm- und Steinböden.

22 Weisse Trichterlilie – *Paradisea liliastrum* (L.) BERTOL.

Merkmale: Im Juni und Juli blühend und 20–50 cm hoch; Wurzeln nicht rübenartig verdickt; Pflanze ausdauernd.

Laubblätter: Schmal linealisch, 20–40 cm lang, bis 10 mm breit, langsam zugespitzt und alle grundständig; im Bereich des Blütenstandes nur kleine Blätter vorhanden.

Blütenstand: Einseitswendige Traube aus 3–10 Blüten bestehend.

Blüten: Perigonblätter 6, bis 6 cm lang, nicht verwachsen, lanzettlich bis oval, weiss und mit 3 sich an der Spitze vereinigenden Adern; Staubblätter 6; Fruchtknoten oberständig und Griffel mit einer verdickten Narbe.

Früchte: 3fächerige und lederige Kapseln mit jeweils zahlreichen Samen in jedem Fach.

Standort: In der montanen und subalpinen Stufe (seltener alpin) in trockenwarmen Hügeln, Fettwiesen und an Felsen auf frischen bis feuchten, tiefgründigen, kalkarmen bis kalkreichen und auch gedüngten Böden; besonders in den Zentral- und Südalpen verbreitet.

23 Frühlings-Krokus, Frühlings-Safran – *Crocus albiflorus* KIT.

Merkmale: Von März bis Juni blühend, bis 15 cm hoch; Knollen mit Fasern umgeben.

Laubblätter: 5–15 cm lang, bis 3 mm breit, mit nach unten gewölbten Rändern, mit weisser Mittelader und grundständig angeordnet.

Blütenstand: 1–2blütig, seltener mehrblütig und grundständig.

Blüten: Perigonblätter 6, miteinander zu einer langen Röhre verwachsen, mit den freien Teilen einen Trichter bildend, bis 4 cm lang und weiss bis violett; Staubblätter 3; Fruchtknoten unterständig; auf dem Griffel 3 Narbenschenkel mit krausem Rand.

Früchte: Dreifächerige und vielsamige Kapseln.

Standort: Vor allem in der montanen und subalpinen Stufe in Wiesen und Weiden auf frischen, nährstoff- und basenreichen, mässig neutralen bis sauren, humosen und tiefgründigen Lehm- und Tonböden; ziemlich häufig und jeweils zahlreich auftretend; bis in die Gebirge der Balkanhalbinsel reichend.

24 Penninisches Täschelkraut – *Thlaspi sylvium, T. alpinum* GAUD.

Merkmale: Von Juni bis August blühend, 5–15 cm hoch und mit meist ausläuferartig verlängerten Trieben.

Laubblätter: Grundständige bis 5 cm lang, schmal spatelförmig und an der Spitze abgerundet; Stengelblätter bis 2 cm lang, lanzettlich bis schmal oval, zugespitzt, sitzend und den Stengel meist umfassend.

Blütenstand: Traube am Ende des Triebes kopfförmig.

Blüten: Kelchblätter 4, schmal oval, grünlich und mit oft weisslichen Rändern; Kronblätter 4, oval, bis 12 mm lang und weiss; Staubblätter 6; Fruchtknoten oberständig und aus 2 Fruchtblättern zusammengewachsen.

Früchte: Schötchen schmal geflügelt, etwas ausgerandet und am Grunde keilförmig.

Standort: In der subalpinen und alpinen Stufe auf steinigen Weiden und im Felsschutt (auf Silikatgestein).

25 Alpen-Gänsekresse – *Arabis alpina* L.

Merkmale: Von März bis Oktober blühend, 10–25 cm hoch, ausdauernd und mit sterilen Blattrosetten.

Laubblätter: Grundständige breit oval bis oval, bis 5 cm lang, kurz gestielt, zugespitzt und grob gezähnt.

Blütenstand: Vielblütige Traube, die sich nach der Blütezeit verlängert.

Blüten: Kelchblätter 4, grünlich, bis 4 mm lang und kahl oder mit einzelnen Haaren; Kronblätter 4, weiss, verkehrt eiförmig, meist kurz gestielt und bis 10 mm lang; Staubblätter 6; Fruchtknoten aus den 2 Fruchtblättern verwachsen und oberständig.

Früchte: 2–6 cm lange Schoten mit zahlreichen Samen.

Standort: Von der montanen bis in die subalpine Stufe in Schutthalden, Felsspalten, im Geröll, in tieferen Lagen auch in Schluchtwäldern oder herabgeschwemmt im Flusskies auf sickerfrischen, meist kalkhaltigen, wenig humosen und meist ruhenden Steinschuttböden.

26 Ungleichblättriges Labkraut – *Galium anisophyllon* VILL.

Merkmale: Von Juni bis September blühend, 5–20 cm hoch, liegend oder aufsteigend, dichte Rasen bildend und mit zahlreichen nichtblühenden Trieben versehen.

Laubblätter: Diejenigen der nichtblühenden Sprosse klein, eiförmig, gelblichgrün und mit Randborsten; Blätter der blühenden Sprosse zu 5–9, quirlständig angeordnet, lineal lanzettlich, gegen das Ende zu verbreitert und plötzlich zugespitzt, am Rande mit rückwärts gerichteten und kurzen Haaren; Blätter der Blütentriebe mehr oder weniger so lang wie die Internodien.

Blütenstand: Wenig- bis vielblütige Thyrse mit breit pyramidalem bis schirmförmigem Aussehen.

Blüten: Kelchblätter 4, grün; Krone 4teilig, verwachsen, mit kurzer Röhre und 4 ausgebreiteten Zipfeln; Staubblätter 4; Fruchtknoten unterständig.

Früchte: 1–1,5 mm lang und in 2 Teilfrüchte zerfallend.

Standort: Von der montanen bis in die alpine Stufe in Wiesen, Weiden und Felsspalten auf trockenen bis frischen und steinigen Geröll-, Lehm- und Tonböden.

27 Sendtners Alpen-Mohn – *Papaver alpinum* L. AGG.

Merkmale: Im Juli blühend, 5–25 cm hoch, ausdauernd, mit mehrköpfigem Rhizom.

Laubblätter: In grundständiger Rosette; die einzelnen Blätter sind beiderseits etwas behaart, bis auf die Mittelader ein- bis zweifach fiederteilig, graugrün und mit mehreren lanzettlichen Abschnitten (Fiedern 1. Ordnung höchstens 3 mm lang).

Blütenstand: Stengel einblütig.

Blüten: Kelchblätter 2, oval, stumpf, ganzrandig, braun behaart, die Kronblatter ganz umschliessend und zur Blütezeit abfallend; Kronblätter 4, oval bis rundlich, bis 25 mm lang, ganzrandig oder wellig, ungestielt und weiss; Staubblätter zahlreich; Fruchtknoten oberständig und aus zahlreichen Fruchtblättern zusammengesetzt.

Früchte: Kapseln 10–15 mm lang und mit 5 nur wenig herablaufenden Narbenstrahlen.

Standort: In der alpinen Stufe auf Moränen, in Kalk-Grobschutthalden und auf Alluvionen auf beweglichem Felsschutt mit sehr langer Schneebedeckung; ein Schuttkriecher.

28 Weisser Mauerpfeffer – *Sedum album* L.

Merkmale: Von Juni bis September blühend, 5–20 cm hoch; Triebe zahlreich.

Laubblätter: 5–15 mm lang, lineal walzenförmig, im Querschnitt rund, am Ende stumpf oder abgerundet, ungekielt, kahl, grünlich, hellgelb oder rötlich, wechselständig angeordnet; bei den niederliegenden sterilen Trieben Blätter enger aneinanderliegend, als bei den blütentragenden Stengeln.

Blütenstand: Vielblütige und doldenartige Rispe.

Blüten: Kelchblätter meist 5, klein, am Ende breit abgerundet; Kronblätter meist 5, bis 6 mm lang, nicht verwachsen, schmal lanzettlich, stumpf, am Grunde oft rot geadert, weiss oder blassrosa; Staubblätter 10; Fruchtknoten oberständig, aus 5 Fruchtblättern bestehend; Insektenbestäubung.

Früchte: Mehrsamige Balgfrüchte.

Standort: Von der kollinen bis in die subalpine Stufe (seltener alpin) auf Felsköpfen, Felsrasen, Kiesdächern, Mauerkronen, an Dämmen, auf Alluvionen auf trockenen, nährstoff- und feinerdearmen Stein- und Felsböden; Flachwurzler; verbreitet.

29 Hallers Schaumkresse – *Cardaminopsis halleri* (L.) HAYEK
Merkmale: Von April bis Juni blühend, 20–40 cm hoch, mit oberirdischen Ausläufern.
Laubblätter: Grundständige und unterste Stengelblätter schmal oval, gestielt, meist fiederteilig, mit einem grossen, ovalen, gezähnten Endabschnitt und jederseits mit 1–3 kleinen Seitenabschnitten; obere Stengelblätter lanzettlich, ganzrandig oder gezähnt und mit verschmälertem Grund sitzend.
Blütenstand: Traube.
Blüten: Kelchblätter 4, lanzettlich bis schmal oval, gelblich, 2–3 mm lang, mit einzelnen kleinen Haaren; Kronblätter 4, weiss, seltener blasslila, 3–6 mm lang, breit oval, am Ende abgerundet, abgeflacht oder schwach gestutzt; Staubblätter 6 (aussen 2 kurze und innen 4 längere); Fruchtknoten oberständig und die beiden verwachsenen Fruchtblätter mit 3 undeutlichen Adern.
Früchte: Schoten mit langen, aufrechten oder waagrecht abstehenden Fruchtstielen.
Standort: In der montanen und subalpinen Stufe in Bergwiesen, feuchten Felsen, entlang von Ufern auf frischen bis ziemlich feuchten, kalkarmen und nährstoffreichen Böden; Schotterpionier.

30 Strauss-Steinbrech – *Saxifraga cotyledon* L., **S. *halleri*** VEST
Merkmale: Von Mai bis Juli blühend, 30–80 cm hoch, rispig verzweigt, mit grosser, breiter Blattrosette (Durchmesser bis 15 cm).
Laubblätter: Rosettenblätter 2–8 cm lang, spatelförmig, blaugrün gefärbt, gegen den Grund zu jedoch hellgrün bis weisslich, fein gezähnt und fleischig.
Blütenstand: Oft überhängende Rispen mit 5–20blütigen Ästen.
Blüten: Kelchblätter 5, lanzettlich, zugespitzt, graufilzig; Kronblätter 5, verkehrt spatelförmig, am Ende abgeflacht oder abgerundet, weiss, selten rot punktiert; Staubblätter 10 mit weisslichen Staubfäden; Fruchtknoten oberständig und dieser aus 2 Fruchtblättern zusammengesetzt.
Früchte: Mehrsamige und mit 2 Schnäbeln versehene Kapseln.
Standort: Von der kollinen bis in die subalpine Stufe (seltener alpin) in Felsen auf frischen und sauren Böden; Silikatgestein; in den Südtälern verbreitet; wird auch Dickblatt-Steinbrech oder Granit-Steinbrech genannt.

31 Wald-Geissbart – *Aruncus dioecus* FERNALD
Merkmale: Von Juni bis Juli blühend und 1–2 m hoch.
Laubblätter: 2–3fach gefiedert, Stiel in unterer Hälfte rötlich; Teilblätter eiförmig, fein und lang zugespitzt, gestielt und scharf doppelt gesägt.
Blütenstand: Zahlreiche Blüten in rispenartigen Ähren.
Blüten: Meist eingeschlechtig und sehr klein; Kelchblätter 5; Kronblätter der männlichen Blüten weiss, diejenigen der weiblichen Blüten etwas kleiner und gelblichweiss; Staubblätter der männlichen Blüten bis 20, mit langen, hell gefärbten Staubfäden; weibliche Blüten aus rudimentären Staubblättern und 3 Fruchtblättern.
Früchte: Mehrsamige Balgfrüchte.
Standort: Von der kollinen bis in die subalpine Stufe in Schluchten, Wäldern, Waldlichtungen, an schattigen Steilhängen auf sickerfrischen, nährstoff- und basenreichen, vorzugsweise kalkarmen, meist steinigen Lehm- und Tonböden in luftfeuchter Lage; Schattpflanze.

32 Milchweisser Mannsschild – *Androsace lactea* L.
Merkmale: Von Juni bis Juli blühend, 5–20 cm hoch, ausdauernd, mehr oder weniger kahl (Ausnahme: Spitze der Blätter).
Laubblätter: Lineal lanzettlich, ganzrandig, bis 2,5 cm lang, mit der grössten Breite unterhalb der Mitte, nur oberseits an der Spitze mit 1–3strahligen Haaren und in mehreren lockerblättrigen Rosetten vereinigt.
Blütenstand: Blüten einzeln oder in wenigblütigen Dolden.
Blüten: Blütenstiele kahl; Kelchblätter 5; Kronblätter 5, breit spatelförmig, am Ende vielfach ausgerandet; Krone kurzröhrig und radförmig; mit deutlich gelb gefärbtem Schlund; Staubblätter 5; Fruchtknoten oberständig.
Früchte: Kapseln bis 4,5 mm lang.
Standort: In der montanen und subalpinen Stufe in Kalkfelsspalten, Felsen, Rasen, im Felsschutt auf frischen Böden; auf Kalk; ein früheiszeitliches Relikt.

33 Gelbes Seifenkraut – *Saponaria lutea* L.

Merkmale: Im Juli und August blühend, 5–12 cm hoch, ausdauernd, mit vielköpfigem Rhizom und kurz behaart.
Laubblätter: Linealisch oder schmal lanzettlich, 1–4 cm lang, zugespitzt, unterseits mit einer deutlich hervortretenden Hauptader, auf den Flächen kahl, am Rande bewimpert und gegenständig angeordnet; mit steriler Blattrosette.
Blütenstand: Kopfförmig mit kurz gestielten Blüten.
Blüten: Kelchblätter verwachsen, 6–12 mm lang, im unteren Bereich mehrheitlich weisslich, dicht wollig behaart, mit gleichartigen Zähnen; Kronblätter 5, hellgelb bis blass schwefelgelb; Staubblätter 10; Fruchtknoten oberständig und mit freien Griffeln.
Früchte: Kapseln 6–10 mm lang.
Standort: In der alpinen Stufe in Rasen, auf Felsbändern und bei Schutthängen auf lockeren, steinigen, mässig trockenen bis frischen und kalkreichen Böden.

34 Kriechendes Gipskraut – *Gypsophila repens* L.

Merkmale: Von Mai bis August blühend,10–25 cm hoch, niederliegend bis aufsteigend und ausdauernd.
Laubblätter: 1–3 cm lang, sehr schmal lanzettlich und hell- bis dunkelblaugrün gefärbt.
Blütenstand: Rispenartig/doldentraubig ausgebildet.
Blüten: Kelchblätter 5, miteinander verwachsen, 2–4 cm lang, kahl und mit 5 spitzen Zähnen; Kronblätter 5, weisslich oder rötlich gefärbt, 5–10 mm lang, verkehrt eiförmig, vorn abgerundet oder etwas ausgerandet, gestielt und miteinander nicht verwachsen; Staubblätter 10; Fruchtknoten oberständig und mit 2 Griffeln.
Früchte: Kapseln 3–5 mm lang und sich mit 4 Zähnen öffnend.
Standort: In der subalpinen und alpinen Stufe (seltener montan) in Schutthalden, Bachrunsen, an Bachufern und im Kies der Alpenflüsse auf feuchten oder zeitweise auch überfluteten, lockeren und kalkreichen Böden; herabgeschwemmt auch an Flussufern.

35 Bewimperte Nabelmiere – *Moehringia ciliata* (SCOP.) D.T.

Merkmale: Im Juli und August blühend, 2–15 cm hoch und mit kriechendem bis aufsteigendem Stengel.
Laubblätter: Bis 1 cm lang, schmal lanzettlich, meist etwas fleischig, mit 1–3 undeutlichen Adern, im oberen Bereich meist kahl, gegen den Grund zu kurz bewimpert, gegenständig angeordnet und dunkelgrün gefärbt.
Blütenstand: Vielfach Einzelblüten oder zu 2 bis 3 am Ende der Stengel.
Blüten: Kelchblätter 5, schmal oval, stumpf oder zugespitzt, kahl, ein- bis dreiaderig und grün; Kronblätter 5, länger als die Kelchblätter, oval, weiss, miteinander nicht verwachsen und ganzrandig; Staubblätter 10; Fruchtknoten oberständig und mit 3 Griffeln.
Früchte: Kapseln mit zahlreichen Samen; diese mit einem kleinen Anhängsel.
Standort: In der alpinen Stufe verbreitet im Felsschutt auf frischen bis feuchten, lockeren, steinigen und kalkreichen Böden; eine mittel- und südeuropäische Gebirgspflanze.

36 Knöllchen-Knöterich – *Polygonum viviparum* L.

Merkmale: Von Juni bis August blühend, 5–30 cm hoch und oft mit schlangenartig gewundenem Rhizom.
Laubblätter: 2–7 cm lang, lanzettlich oder schmal oval, lang zugespitzt, mit nach unten umgerollten Rändern, oberseits mit meist etwas vertiefter Mittelader, im unteren Teil der Pflanze gestielt und im oberen Bereich sitzend.
Blütenstand: Endständige, lockerblütige und schmale Ähre; unten mit kleinen Bulbillen.
Blüten: Zwittrig oder eingeschlechtig; Pflanze auch einhäusig und zweihäusig; Perigonblätter 5, weiss und 2–4 mm lang; Fruchtknoten oberständig.
Früchte: Nüsse dreikantig und dunkelgrün gefärbt.
Standort: In der subalpinen und alpinen Stufe in Wiesen, Borstgrasweiden und Magerrasen auf trokkenen bis feuchten, basenreichen, oberflächlich meist entkalkten und humosen Lehm- und Steinböden; Vermehrung auch durch Bildung von Brutknöllchen.

37 Trauben-Steinbrech – *Saxifraga paniculata* MILLER

Merkmale: Von Mai bis Juli blühend, 5–45 cm hoch, ausdauernd und mit den Rosetten lockere Rasen bildend.
Laubblätter: Diejenigen der Rosetten bis 5 cm lang, meist spatelförmig, am Ende stumpf oder zugespitzt, fein und regelmässig gezähnt, unten etwas bewimpert; Blütenstielblätter ähnlich den Rosettenblätter, aber kleiner und wechselständig angeordnet.
Blütenstand: Vielblütige Rispe mit bis 5 Blüten pro Ast.
Blüten: Kelchblätter 5, am Rande mit Drüsen, den Kronblättern anliegend und am Ende zugespitzt oder stumpf; Kronblätter 5, oval bis rundlich, weiss, mit meist roten Punkten; Staubblätter 10; Fruchtknoten aus 2 Fruchtblättern zusammengesetzt und oberständig.
Früchte: Vielsamige Kapseln.
Standort: In der subalpinen und alpinen Stufe in Felsspalten und Rasen auf trockenen bis mässig trockenen, basenreichen und meist kalkhaltigen Steinböden.

38 Fleischroter Mannsschild – *Androsace carnea* L.

Merkmale: Von Juni bis August blühend, 3–12 cm hoch und lockere Rosettenpolster bildend.
Laubblätter: 0,5–3 cm lang, 1–3 mm breit, lanzettlich, ganzrandig oder mit zähnchenartigen Ausbuchtungen, besonders am Rand mit ein- bis mehrstrahligen Haaren besetzt und unterhalb der Mitte om breitesten.
Blütenstand: Doldenartig auf deutlichem Schaft.
Blüten: Kelch 5teilig, 2–6 mm lang und spärlich behaart; Kronblätter 5, rosa oder weiss, 4–8 mm lang und mit meist vorn abgerundeten Zipfeln; Staubblätter 5, in der Krone angewachsen; Fruchtknoten oberständig.
Früchte: Kugelige oder eiförmige Kapseln.
Standort: Von der montanen bis in die alpine Stufe in lückigen und feuchten Rasen, im Felsschutt und Felsgras besonders verbreitet in den Westalpen auf ziemlich feuchten, kalkarmen und humosen Böden; vor allem auf Silikat.

39 Zottiger Mannsschild – *Andosace villosa* L.

Merkmale: Im Juni und Juli blühend, 3–10 cm hoch, ausdauernd, grosse dichte Rasen bildend und behaart.
Laubblätter: 5–10 mm lang, lanzettlich, ganzrandig, am Rande und auf der Unterseite besonders im oberen Teil mit zahlreichen bis 2 mm langen Haaren.
Blütenstand: Deutlich rot gestielte, behaarte und 2–8blütige Dolde.
Blüten: Kelchblätter 5, oval, zugespitzt, behaart, gegen die Spitze zu oft rötlich und bis tief hinunter geteilt; Kronblätter 5, im unteren Teil zu einer langen Röhre verwachsen, im oberen Bereich mit etwas ausgerandeten Zipfeln und mit gelbem oder rotem Fleck; Staubblätter 5; Staubfäden in der Kronröhre angewachsen; Fruchtknoten oberständig.
Früchte: Kugelige oder eiförmige Kapseln bis 4 mm lang.
Standort: In der subalpinen und alpinen Stufe in Rasen, an steinigen Hängen auf kalkreichen und im Winter oft schneefreien Böden.

40 Bewimperter Mannsschild – *Androsace chamaejasme* WULFEN

Merkmale: Im Juni und Juli blühend, 2–10 cm hoch, mit zottig behaarten Stengeln und Blütenstielen und Polster bildend.
Laubblätter: 5–10 mm lang, lanzettlich, ganzrandig, am Rande gewimpert, meist oberhalb der Mitte om breitesten und zugespitzt.
Blütenstand: Blüten zu 2–8 in einer endständigen Dolde.
Blüten: Kelchblätter 5, oval und hellgrün; Kelchzipfel lanzettlich; Kronblätter 5, oval bis rundlich, weiss, meist im oberen Teil am breitesten; Blütenschlund gelblich oder rötlich; Staubblätter 5; Fruchtknoten oberständig.
Früchte: Kapseln, die sich mit 5 Zähnen öffnen.
Standort: In der subalpinen und alpinen Stufe in steinigen Rasen, mageren Wiesen und Weiden auf frischen, meist kalkreichen und ruhenden Schutt- und Felsbändern; in den Alpen verbreitet; in den Südketten selten.

41 Stumpfblättriger Mannsschild – *Androsace obtusifolia* ALL.

Merkmale: Im Juli und August blühend, 5–10 cm hoch und mit gabeligen und sternartigen Haaren besetzt.
Laubblätter: Bis 2,5 cm lang, 2–4 mm breit, schmal lanzettlich bis länglich verkehrt eiförmig, meist keilförmig verschmälert, am Ende stumpf, mit der grössten Breite in oder oberhalb der Mitte, ganzrandig, mit 1–3strahligen Haaren versehen.
Blütenstand: Dolde mit bis zu 8 Blüten.
Blüten: Bis 12 mm lang gestielt; Kelchblätter 5, deutlich behaart; Kronblätter 5, weiss oder blassrötlich, mit einem gelben Schlund versehen, breit oval oder rundlich und oftmals mit deutlich ausgerandeten Zipfeln.
Früchte: Kapseln, die kürzer als der Kelch sind.
Standort: In der subalpinen und alpinen Stufe in Weiden, sauren Rasen auf frischen, kalkarmen, flach- und mittelgründigen, steinigen Lehmböden; eine Moder-Rohhumuspflanze.

42 Acker-Hornkraut – *Cerastium arvense* ssp. *strictum* L. S.L.

Merkmale: Von Juli bis September blühend, 3–15 cm hoch, aufrecht, in lockeren Polstern wachsend und kahl oder etwas flaumig behaart; sterile Triebe kürzer als die Blühtriebe.
Laubblätter: Bis 1,5 cm lang, lanzettlich, gegen den Grund zu verschmälert, mit deutlich sichtbarer Hauptader, oberseits hell blaugrün und etwas steif; mit kleinen Blattbüscheln in den Winkeln.
Blütenstand: Wenigblütige Dolde.
Blüten: Lang gestielt; Kelchblätter 5, lanzettlich; Kronblätter weiss, oval, am Ende ausgerandet, gegen den Grund zu etwas verschmälert und etwa doppelt so lang wie die Kelchblätter; Fruchtknoten oberständig.
Früchte: Kapseln gleich lang oder etwas länger als die Kelchblätter.
Standort: Von der montanen bis in die alpine Stufe in Böschungen, Erdanrissen, Pionierrasen, auf Mauern, Felsen, entlang von Wegen auf sommertrockenen bis mässig frischen, basenreichen Lehm-, Löss- und auch Sandböden; licht- und wärmeliebende Pflanze.

43 Rundblättriger Steinbrech – *Saxifraga rotundifolia* L.

Merkmale: Von Juni bis September blühend, 20–50 cm hoch.
Laubblätter: Grundständige eine Rosette bildend, lang gestielt, im Umriss nierenförmig bis rundlich, bis 5 cm im Durchmesser, am Grund herzförmig, gezähnt, beiderseits etwas behaart, unterseits grau; Stengelblätter im unteren Bereich gleich, im oberen Teil einfacher ausgebildet und ungestielt.
Blütenstand: Wenigblütige Rispe.
Blüten: Kelchblätter 5, lanzettlich bis oval, bis 5 mm lang; Kronblätter 5, schmal oval, weiss gefärbt und mit roten und gelben Punkten; Staubblätter 10; Fruchtknoten oberständig, aus 2 Fruchtblättern bestehend; Bestäubung erfolgt durch Fliegen.
Früchte: Mehrsamige Kapseln.
Standort: In der montanen und subalpinen Stufe (seltener kollin) in Hochstaudenfluren, stauden- und krautreichen Bergmischwäldern, entlang von Bachufern, zwischen Felsblöcken in schattiger Lage auf frischen bis nassen, nährstoff- und basenreichen, meist kalkhaltigen und humosen Böden.

44 Blassblütiger Storchschnabel – *Geranium rivulare* VILL.

Merkmale: Von Juni bis August blühend, 20–60 cm hoch, mit gabelig verzweigtem Stengel.
Laubblätter: Untere beinahe bis zum Grund 5–7spaltig, 5–10 cm breit und lang gestielt; Abschnitte ebenfalls tief eingeschnitten, zusätzlich gezähnt; Zipfel und Zähne viel länger als breit; im unteren Bereich Blätter ungestielt.
Blütenstand: Straussförmig; Teilblütenstände zweiblütig.
Blüten: Die oberen Blätter weit überragend; Stiele mit rückwärts anliegenden Haaren versehen; Kelchblätter 5, schmal oval, 6–9 mm lang, mit bis 2 mm langer Spitze; Kronblätter 5, miteinander nicht verwachsen, 10–15 mm lang, weiss mit rötlichvioletten Adern; Staubblätter 10; Staubfäden am Grund verbreitert und am Rand deutlich bewimpert; Fruchtknoten oberständig.
Früchte: In 5 einsamige Teilfrüchte zerfallend; Samen werden herausgeschleudert.
Standort: In der subalpinen Stufe bei Gebüschen, entlang von Bachrändern, in Zwergstrauchheiden und lichten Arven- und Lärchenwäldern auf frischen, kalkarmen und meist steinigen Böden.

45 Sternblütiger Steinbrech – *Saxifraga stellaris* L.
Merkmale: Von Juli bis August blühend, 5–20 cm hoch, Rasen bildend und an den Ausläufern Blattrosetten; eine formenreiche Sippe.
Laubblätter: 1–5 cm lang, oval, mit bis 9 groben Zähnen, ungestielt oder nur kurz gestielt, etwas fleischig, unterseits weisslich und gegen den Grund zu keilförmig.
Blütenstand: 3–15blütige Traube.
Blüten: Kelchblätter 5, oval, grünlich oder rötlich, 2–3 mm lang und zurückgebogen; Kronblätter meist 5, schmal oval, zugespitzt und am Grunde mit 2 gelben Punkten; Staubblätter 10; Fruchtknoten aus 2 Fruchtblättern bestehend und oberständig.
Früchte: Vielsamige Kapseln.
Standort: In der montanen und subalpinen Stufe in Schneetälchen, Rinnsalen, an feuchten Felsen und bei kalten Quellen auf kühlen, sickernassen, mässig nährstoff- und basenreichen, humosen und steinigen Ton- oder reinen Sandböden.

46 Silberwurz – *Dryas octopetala* L.
Merkmale: Von Juni bis Juli blühend, bis 10 cm hoch, bis 50 cm lang, ausgebreitet und Rasen bildend.
Laubblätter: 1–3 cm lang, meist oval, gestielt, am Ende meist stumpf, unterseits weiss und dichtfilzig behaart; Rand grob gekerbt oder gezähnt und nach unten umgerollt.
Blütenstand: Blüten einzeln in den Blattachseln.
Blüten: Kelchblätter 7–9, schmal lanzettlich und dicht mit weissen Haaren besetzt; Kronblätter 7–9 (meist 8), oval, weiss und bis 2 cm lang; Staubblätter zahlreich; auf gewölbtem Fruchtboden zahlreiche kleine Fruchtknoten.
Früchte: Nüsschen mit 2–3 cm langem und dicht federig behaartem Griffel.
Standort: In der subalpinen und alpinen Stufe in lichten Rasen, Kalkmagerrasen, Steinsimsen, an felsigen Hängen und wenn herabgeschwemmt, im Flusskies auf mässig trockenen bis frischen, basenreichen und mehr oder weniger kalkhaltigen Böden.

47 Alpen-Hahnenfuss – *Ranunculus alpestris* L.
Merkmale: Von Juni bis August blühend, 5–15 cm hoch, ausdauernd, kahl und mit einem kurzen Rhizom.
Laubblätter: Grundständige lang gestielt, ihre Spreite im Umriss rundlich bis nierenförmig, meist sehr tief 3–5teilig mit verschieden tief gezähnten Abschnitten und glänzend; Stengelblätter einfach oder 3teilig und mit schmal lanzettlichen Abschnitten.
Blütenstand: Stengel meist einblütig.
Blüten: Kelchblätter 5, oval, grün und den Kronblättern anliegend; Kronblätter 5, oval oder verkehrt eiförmig und ausgerandet; Staubblätter zahlreich; auf einem kahlen und gewölbten Blütenboden zahlreiche Fruchtknoten.
Früchte: Kahle Nüsschen bis 2 mm lang und diese mit einem langen Schnabel versehen.
Standort: In der subalpinen und alpinen Stufe in Schneetälchen, Rasen, auf Felsbändern und feuchten, lange vom Schnee bedeckten, kalkhaltigen/lehmigen Rohböden.

48 Alpen-Gemskresse – *Pritzelago alpina* GREUT ET BURD S.L.
Merkmale: Von Juni bis Juli blühend, 3–12 cm hoch, ausdauernd und meist mit mehreren Stengeln wachsend; diese meist blattlos.
Laubblätter: In grundständiger Rosette; fiederteilig, gestielt, die untersten fast ungeteilt und die übrigen fiederschnittig.
Blütenstand: Meist in lockeren Trauben.
Blüten: Kelchblätter 4, bis 2,5 mm lang und ganzrandig; Kronblätter 4, weiss, 3–5 mm lang, im unteren Teil sich verschmälernd und deutlich genagelt; Staubblätter 6; Fruchtknoten oberständig mit bis 0,5 mm langem Griffel.
Früchte: Schötchen lanzettlich, mit einer Spitze versehen, 4–5 mm lang und zusammengedrückt.
Standort: In der subalpinen und alpinen Stufe in feuchtem Felsschutt, Felsspalten und Schutthalden auf feuchten und kalkreichen Böden; seltener in Schneetälchen und Pionierrasen; stets auf Kalk selten in unteren Lagen zu finden; im französischen Jura vorhanden.

49 Platanenblättriger Hahnenfuss – *Ranunculus platanifolius* L.

Merkmale: Im Juni und Juli blühend, 40–130 cm hoch und ästig verzweigt.
Laubblätter: Grundständige lang gestielt, beinahe bis zum Grund 3–7teilig und kahl; Abschnitte unregelmässig gezähnt (mit nach vorn gerichteten Zähnen), breit lanzettlich bis schmal oval, fein zugespitzt, gegen den Grund zu keilförmig verschmälert, ungestielt und am Grunde miteinander verbunden; oberste Stengelblätter ungestielt, ihre Abschnitte schmal lanzettlich, grob gezähnt und in eine Spitze ausgezogen.
Blütenstand: Stengel vielfach verzweigt und an den langen Stielen meist nur eine Blüte.
Blüten: Kelchblätter 5, kahl, etwas rötlich angelaufen und abfallend; Kronblätter 5 oder mehr, schmal oval und weiss; zahlreiche Staubblätter und Fruchtknoten.
Früchte: Nüsschen 3–4 mm lang und mit einem langen Schnabel versehen.
Standort: Vor allem in der subalpinen Stufe in Hochgrasfluren, Gebüschen und Schluchtwäldern auf frischen, basen- und nährstoffreichen Böden.

50 Eisenhutblättriger Hahnenfuss – *Ranunculus aconitifolius* L.

Merkmale: Von Mai bis Juli blühend, 20–100 cm hoch, abstehend ästig verzweigt.
Laubblätter: Grundständige lang gestielt, beinahe bis zum Grunde 3–7teilig und kahl; Abschnitte meist gleichmässig gezähnt, vielfach rhombisch, über der Mitte om breitesten, oft kurz gestielt und gegen den Grund zu plötzlich verschmälert; oberste Stengelblätter ungestielt; ihre Abschnitte schmal rhombisch und fast bis zur Spitze gleichmässig gezähnt.
Blütenstand: Stengel verzweigt und vielblütig.
Blüten: Blütenstiele meist etwas dick und unter der Blüte kurz behaart; Kelchblätter 5, kahl, rötlich angelaufen und abfallend; Kronblätter 5 oder mehr, breit oval und weiss gefärbt; Staubblätter und Fruchtknoten zahlreich.
Früchte: Nüsschen 2–4 mm lang und mit einem kurzen Schnabel versehen.
Standort: In der montanen und subalpinen Stufe in feuchten Wiesen auf feuchten bis nassen, nährstoffreichen, meist kalkhaltigen und humosen Böden.

51 Narzissenblütige Anemone – *Anemone narcissiflora* L.

Merkmale: Von Mai bis Juli blühend, 15–40 cm hoch und ausdauernd.
Laubblätter: Grundständige mit langen und behaarten Stielen; Spreite im Umriss rundlich, 3–8 cm im Durchmesser, 3- oder 5teilig und unterseits auf den Adern und am Rande behaart; Abschnitte mehrmals tief eingeschnitten und die meist schmalen Zipfel oft noch gesägt; Stengelblätter gleichartig gestaltet.
Blütenstand: 3–8blütige Dolde; Blütenstiele behaart.
Blüten: Perigonblätter 5–7, vor dem sich Öffnen ausserseits rötlich, später weiss und kahl; Staubblätter zahlreich; auf gewölbtem Blütenboden oberständiger Fruchtknoten.
Früchte: Flache und kahle Nüsschen ohne verlängerte Griffel.
Standort: In der subalpinen und alpinen Stufe in Bergwiesen, alpinen Steinrasen, Hochstaudenfluren, bei Staudenhalden und an Gebüschrändern auf frischen bis wasserzügigen, meist kalkhaltigen und steinigen oder lockeren Lehm- und Tonböden; Pflanze giftig.

52 Weisse Alpen-Anemone – *Pulsatilla alpina* (L.) DEL. S.L.

Merkmale: Von Juni bis August blühend, 15–50 cm hoch; Stengel behaart.
Laubblätter: Zur Blütezeit das eine grundständige Blatt noch kaum entwickelt; dieses ist später lang gestielt; Spreite im Umriss dreieckig, 10–30 cm breit und 3teilig; lang gestielte Abschnitte ebenfalls dreiteilig; Abschnitte 2. Ordnung fiederteilig; die 3 Stengelblätter (= Hochblätter) miteinander nicht verwachsen.
Blüten- und Fruchtstand: Einzelblüten; als Früchte werden Nüsschen ausgebildet.
Blüten: Perigonblätter meist 6, oval, am Ende abgerundet oder unregelmässig eingeschnitten, weiss (ausserseits auch bläulich oder rötlich und oft etwas behaart); Staubblätter und Fruchtknoten zahlreich.
Standort: Vor allem in der subalpinen Stufe in Wiesen, Weiden und Zwergstrauchheiden auf trockenen bis frischen, sommerwarmen, nährstoff- und basenreichen, kalkhaltigen, humosen, lockeren und steinigen, tonigen Böden.

53 Gefurchter Steinbrech – *Saxifraga exarata* VILL. S.L.

Merkmale: Von Juni bis August blühend, 2–10 cm hoch und ausdauernd.
Laubblätter: Rosettenförmig angeordnet, 5–20 mm lang, mit 3–7 abgestumpften Abschnitten und dicht mit Drüsen besetzt; im getrockneten Zustand zwischen den Adern deutlich gefurcht.
Blütenstand: 4–8blütige Traube.
Blüten: Kelchblätter 5, oval, stumpf, an den Rändern behaart und gegen die Spitze zu etwas dunkler; Kronblätter 5, länger und bis doppelt so breit wie die Kelchblätter, am Ende abgerundet, weiss, rötlich oder gelb und sich gelegentlich an den Rändern überdeckend; Staubblätter 10; Fruchtknoten aus 2 Fruchtblättern bestehend.
Früchte: Mehrsamige Kapseln.
Standort: In der subalpinen und alpinen Stufe in ruhendem Schutt, Spalierstrauchteppichen und auf offenen Rasen auf mässig frischen, kalkarmen, sauren und feinerdearmen Stein- und Felsböden; auf Urgestein ziemlich häufig.

54 Berg-Laserkraut – *Laserpitium siler* L.

Merkmale: Von Juni bis August blühend und 40–150 cm hoch; Stengel fein gerillt.
Laubblätter: Mit dem Stiel bis 1 m lang; Spreite im Umfang dreieckig, 3–4fach gefiedert und blaugrün gefärbt; Teilblätter der letzten Ordnung lanzettlich bis schmal oval, 2–6 cm lang, am Grunde meist keilförmig verschmälert, ganzrandig, kahl und fiederaderig.
Blütenstand: Dolden 1. Ordnung bis 25 cm im Durchmesser und mit 20–40 Dolden.
Blüten: Meist alle gleich gross und zwittrig; Kelchblätter 5, klein und lanzettlich; Kronblätter 5 und weiss bis rötlich gefärbt; Staubblätter 5; Fruchtknoten aus 2 Fruchtblättern zusammengesetzt.
Früchte: Bis 12 mm lange und kahle Spaltfrüchte.
Standort: In der montanen und subalpinen Stufe in Felsspalten, Staudenhalden und im Saum sonniger Gebüsche, auf Steinschutt auf trockenen bis mässig trockenen, kalkreichen, steinigen, meist feinerdearmen und mitteflachgründigen Lehmböden oder feinerdearmen Steinböden; Licht-Halbschatt- und Pionierpflanze; früher als Heilpflanze verwendet.

55 Grosse Sterndolde – *Astrantia major* L.

Merkmale: Von Juni bis August blühend und 20–90 cm hoch.
Laubblätter: Grundständige lang gestielt und dunkelgrün; Spreite im Umriss 5–7eckig, bis 20 cm breit und bis nahe dem Spreitengrund 5- oder 7teilig; Abschnitte ein- oder zweimal tief eingeschnitten, zusätzlich unregelmässig gezähnt und keilförmig verschmälert; Stengelblätter den grundständigen ähnlich, im oberen Bereich der Pflanze jedoch ungestielt.
Blütenstand: Dolden 1. und 2. Ordnung von weissen oder rötlichen Hochblättern umgeben.
Blüten: Männliche Blüten lang gestielt und in jeder Dolde zahlreich; zwittrige Blüten auf kurzen Stielen; Kelchblätter 5, in eine feine Spitze verschmalert, frei und bis 2,5 mm lang; Kronblätter 5, weisslich oder rötlich; Staubblätter 5; Fruchtknoten unterständig.
Früchte: Bis 7 mm lange Spaltfrüchte.
Standort: In der montanen und subalpinen Stufe in Bergwiesen und entlang von Waldsäumen auf frischen und nährstoffreichen Böden.

56 Kleine Sterndolde – *Astrantia minor* L.

Merkmale: Im Juli und August blühend und 15–40 cm hoch.
Laubblätter: Grundständige sehr lang gestielt und dunkelgrün; Spreite im Umriss 5–7eckig, höchstens bis 7 cm breit und bis zum Grunde 5- oder 7teilig; Abschnitte schmal lanzettlich, zugespitzt und spitz gesägt; Stengelblätter den grundständigen sehr ähnlich, aber viel kürzer gestielt; Hüllblätter 5–11 mm lang.
Blütenstand: Dolden 1. und 2. Ordnung von lanzettlichen Hochblättern umgeben.
Blüten: Lang gestielt und in jeder Dolde zahlreich; Kelchblätter 5, schmal oval, frei und bis 1 mm lang; Kronblätter 5 und länger als die Kelchblätter; Staubblätter 5; Fruchtknoten unterständig.
Früchte: Spaltfrüchte 3–4 mm lang und mit 5 Hauptrippen; Zähne aufwärts gerichtet.
Standort: In der montanen und subalpinen Stufe in Rasen, Felsspalten und in Strauchgesellschaften auf mässig trockenen bis frischen, meist kalkfreien und besonders sauren Böden; zerstreut in den Zentralalpen.

57 Meisterwurz – *Peucedanum ostruthium* (L.) KOCH

Merkmale: Von Juni bis August blühend, 25–100 cm hoch, ausdauernd und mit einem knolligen Rhizom versehen.

Laubblätter: Die unteren 3zählig; Teilblätter gestielt, im Umriss oval oder rundlich, bis 15 cm im Durchmesser und sehr tief hinunter 2–3fach gelappt; Abschnitte schmal oval, meist im oberen Teil am breitesten, kurz zugespitzt, unregelmässig fein gezähnt und mit grannenartigen Spitzen.

Bütenstand: Dolden 1. Ordnung mit bis 50 Dolden 2. Ordnung.

Blüten: Kronblätter 5, weisslich oder auch rosa gefärbt, bis 1,5 mm lang; Staubblätter 5; Fruchtknoten aus 2 Fruchtblättern zusammengesetzt und unterständig.

Früchte: Spaltfrüchte rund, bis 5 mm im Durchmesser; Randrippen so breit wie die Fruchtgehäuse.

Standort: In der subalpinen und alpinen Stufe am fliessenden Wasser, an Lägerstellen, auf Steinhaufen, in Hochstaudenfluren, feuchten Wiesen, im Grünerlengebüsch auf frischen bis feuchten, humosen, nährstoff- und basenreichen, tiefgründigen und lockeren Lehm- und Tonböden.

58 Brustwurz, Wald-Engelwurz – *Angelica sylvestris* L.

Merkmale: Von Juli bis September blühend und 50–200 cm hoch.

Laubblätter: Bis 60 cm lang, gestielt, doppelt gefiedert und/oder auch 2- oder 3teilig; Teilblätter der letzten Ordnung lanzettlich bis oval, 10–14 cm lang, am Grunde oft asymmetrisch und fein doppelt gezähnt; Hauptstiel am Grunde mit einer grossen und blasig erweiterten Scheide.

Blütenstand: 20–40blütige und etwas gewölbte Dolden.

Blüten: Kronblätter 5, 5–15 mm lang, weiss, grünlich oder seltener etwas rötlich gefärbt; Staubblätter 5; Fruchtknoten aus 2 Fruchtblättern zusammengesetzt und unterständig.

Früchte: Spaltfrüchte oval, bis 4 mm lang, 2–4 mm breit und mit Randrippen.

Standort: Von der kollinen bis in die subalpine Stufe in Flachmooren, feuchten Wiesen, Hochstaudenfluren, Auenwäldern, an Ufern auf sickerfrischen bis wechselfeuchten, nährstoffreichen, meist basischen, humosen, kiesig sandigen oder reinen Lehm- und Tonböden; die Wurzel wurde früher zu Heilzwecken verwendet; Nährstoffanzeiger; Halbschattenpflanze.

59 Gebirgs-Kälberkropf – *Chaerophyllum hirsutum* L. AGG.

Merkmale: Von Mai bis August blühend, 20–120 cm hoch, ausdauernd, verzweigt.

Laubblätter: Im Umriss dreieckig, 2- bis seltener 4fach gefiedert und gestielt; Scheiden der obersten Blätter bis 6 cm lang; Fiedern letzter Ordnung nur noch wenig tief geteilt oder unregelmässig gezähnt; bei den untersten Blättern die beiden untersten Abschnitte beinahe so gross wie der Rest der anschliessenden Spreite.

Blütenstand: Dolden 1. Ordnung mit 10–20 Dolden 2. Ordnung.

Blüten: Kronblätter 5, am Rande etwas gewimpert und weiss bis rosa gefärbt; Staubblätter 5; Fruchtknoten aus 2 Fruchtblättern zusammengesetzt und unterständig.

Früchte: Spaltfrüchte 8–12 mm lang, mit hellen Rippen, kahl und ohne Schnabel.

Standort: Von der montanen bis in die alpine Stufe häufig in Berg-Auenwäldern, feuchten Bergwiesen, Hochstaudenfluren, entlang von Bach- und Quellrändern auf feuchten bis sickernassen, nährstoffreichen, meist kalkarmen und humosen Tonböden in luftfeuchter Lage; Nährstoffzeiger.

60 Gelb- oder goldfrüchtiger Kälberkropf – *Chaerophyllum aureum* L.

Merkmale: Von Juni bis August blühend, 25–120 cm hoch; am Stengel rückwärts gerichtete Haare.

Laubblätter: Gestielt und 3–4fach gefiedert; Teilblätter letzter Ordnung fiederteilig und unterseits an den Stielen vielfach behaart; Zähne fein zugespitzt.

Blütenstand: Dolden 1. Ordnung mit 7–20 Dolden 2. Ordnung; Stiele der Dolden 2. Ordnung kahl; Hochblätter der kleineren Dolden lanzettlich und lang zugespitzt.

Blüten: Kronblätter 5, nicht gewimpert, kahl und weiss gefärbt; Staubblätter 5; Fruchtknoten aus den 2 Fruchtblättern zusammengesetzt; Insektenbestäubung.

Früchte: Spaltfrüchte 7–12 mm lang, mit deutlich sichtbaren, fadenförmigen Längsrippen, kahl und ohne Schnabel; Griffel an der reifen Frucht zurückgebogen oder senkrecht abstehend.

Standort: In der montanen und subalpinen Stufe in Unkrautfluren bei Dörfern, überdüngten Bergwiesen, Hecken, entlang von Gräben und Bachufern, bei Müllplätzen auf trockenen bis feuchten, nährstoff- und basenreichen, humosen, steinigen und lockeren Lehm- und Tonböden.

61 Heilwurz, Hirschheil – *Seseli libanotis* (L.) KOCH

Merkmale: Von Juli bis September blühend, 30–120 cm hoch, mit Faserschopf besitzendem Rhizom und mehrjährig.
Laubblätter: Grundständig, 2–3fach gefiedert, gestielt und besonders unterseits blaugrün; Zipfel meist lanzettlich, zugespitzt und kahl; unterstes Fiederpaar 1. Ordnung nicht nach unten abgerückt; am Stengel keine oder nur wenige kleine Blätter.
Blütenstand: Dolden 1. Ordnung mit 20–40 Dolden 2. Ordnung.
Blüten: Kelchblätter bis 5 mm lang; Kronblätter 5, breit oval, bis 1 mm lang und weiss; Staubblätter 5; Fruchtknoten aus 2 Fruchtblättern zusammengesetzt und unterständig.
Früchte: Spaltfrüchte 3–5 mm lang und mit schmalen, gelblichen Hauptrippen.
Standort: Von der kollinen bis in die subalpine Stufe in Staudenhalden, entlang von Wald- und Wegrändern, an Felsen und im Felsschutt auf sommerwarmen, trockenen bis mässig trockenen, mageren, oft kalkhaltigen, humosen oder rohen Böden.

62 Hallers Laserkraut – *Larserpitium halleri* CRANTZ

Merkmale: Von Juni bis August blühend, 10–60 cm hoch und an der Grundachse mit grossem Faserschopf.
Laubblätter: Gestielt; Spreite 2–3fach gefiedert, 20–50 cm lang, im Umriss rhombisch oder dreieckig und dunkelgrün bis blaugrün gefärbt; Teilblätter letzter Ordnung tief zweifach fiederteilig; Zipfel stets zugespitzt.
Blütenstand: Dolden 1. Ordnung mit 10–40 Dolden 2. Ordnung.
Blüten: Kronblätter 5, weiss und ausserseits oft bewimpert; Staubblätter 5; Fruchtknoten aus zwei Fruchtblättern verwachsen und unterständig.
Früchte: Spaltfrüchte 4–9 mm lang und oval; Hauptrippen nur schwach hervortretend.
Standort: In der subalpinen und alpinen Stufe in Wiesen und Weiden auf sonnigen, trockenen, neutralen bis sauren, auch nährstoffreichen und steinigen Böden; in den Alpen in den Urgesteinsketten häufig anzutreffen.

63 Augenwurz – *Athamanta cretensis* L.

Merkmale: Von Mai bis Juli blühend, 15–30 cm hoch, ausdauernd und grün behaart.
Laubblätter: Dreifach gefiedert, gestielt und am Grunde mit verbreiterter Scheide; Teilblätter letzter Ordnung fiederteilig und mit schmalen, 3–5 (–10) mm langen und zugespitzten Zipfeln.
Blütenstand: Dolden 6–15strahlig; Dolden 1. Ordnung mit 4–15 Dolden 2. Ordnung; Blätter der Hülle und des Hüllchens mit einem trockenhäutigen Rand.
Blüten: Meist zwittrig; Kronblätter 5, auf der Aussenseite etwas behaart und weiss; Staubblätter 5; Fruchtknoten aus 2 Fruchtblättern zusammengesetzt und unterständig angeordnet.
Früchte: Spaltfrüchte schmal oval, im unteren Bereich am breitesten, dicht behaart und die Teilfrüchte mit 5 gut sichtbaren Hauptadern.
Standort: Von der montanen bis in die alpine Stufe in Kalkspalten, Steinschutthalden und Felsfluren auf kalkreichen, humosen und feinerdearmen Steinböden in sonniger Lage; Pionierpflanze auf beweglicher und ruhender Unterlage; im Süden seltener.

64 Silberdistel, Stengellose Eberwurz – *Carlina acaulis* L.

Merkmale: Von Juli bis September blühend, 2–10 cm hoch und ausdauernd.
Laubblätter: Meist rosettig angeordnet, rinnig, breit gestielt, schmal oval, oft etwas gekrümmt, sehr tief fiederteilig und mit jederseits 6–12 stacheligen Abschnitten.
Blütenstand: Köpfchen 5–12 cm breit und mit silbrig gefärbten Hüllblättern.
Blüten: Innere Hüllblätter zungenblütenartig verlängert, 10–15 mm lang, weiss oder silbergrau, am Grunde etwas gelblich, einreihig; Kronblätter 9–12 mm lang, röhrenförmig verwachsen und weiss oder rötlich gefärbt; Staubblätter 5; Fruchtknoten aus zwei Fruchtblättern zusammengesetzt und unterständig angeordnet.
Früchte: Achänen (Samenschale mit Fruchtwand verwachsen) 4–6 mm lang.
Standort: Von der montanen bis in die subalpine Stufe (seltener kollin und alpin) auf mageren Wiesen und Weiden und in lichten Wäldern auf sommerwarmen, mässig trockenen, mittel- bis tiefgründigen und neutralen Lehm- und Tonböden; Tiefwurzler.

65 Alpen-Berufskraut – *Erigeron alpinus* L.

Merkmale: Von Juni bis August blühend, 3–25 cm hoch und ausdauernd.
Laubblätter: Grundständige lanzettlich bis schmal spatelförmig, ganzrandig, langsam in den Stiel verschmälert und beiderseits behaart; Stengelständige lanzettlich, im oberen Bereich des Stengels mit verschmälertem Grund sitzend, beiderseits behaart und ganzrandig; Hauptader oft etwas rötlich; Pflanzenstengel rötlich.
Blütenstand: Stengel 1–5köpfig; Köpfchen 15–30 mm breit.
Blüten: Strahlenblüten (= Zungenblüten) weisslich, rosa oder purpurrot, vor der Blütezeit aufrecht und länger als die Hüllblätter; Röhrenblüten gelblich oder rötlich; zwischen Röhren- und Strahlenblüten verkümmerte weibliche Blüten.
Früchte: Achänen 2–3 mm lang und mit einem bis 5 mm langen, weisslichen Pappus.
Standort: In der subalpinen und alpinen Stufe in Wiesen, Weiden und Steinrasen auf frischen, oft kalkarmen, lockeren und steinigen Lehm- und Tonböden; verbreitet.

66 Berg-Margerite – *Leucanthemum adustum* KOCH

Merkmale: Von Juni bis September blühend; Pflanze 15–30 cm hoch.
Laubblätter: Im Umriss schmal oval, dicklich, lederig, jederseits mit 6–20 etwas nach aussen gerichteten Zähnen und oft etwas behaart; mittlere Stengelblätter mit abgerundetem, gelegentlich gezähntem Grunde sitzend, meist ohne Öhrchen und oft fast ganzrandig; im oberen Drittel meist blattlos.
Blütenstand: Köpfchen meist einzeln, 3–7 cm im Durchmesser und mit breit schwarzbraun berandeten Hüllblättern.
Blüten: Strahlenblüten (= Zungenblüten) weiss; Röhrenblüten gelblich.
Früchte: Achänen 2–3,5 mm lang und lanzettlich bis schmal oval.
Standort: In der montanen und subalpinen Stufe (seltener kollin und alpin) in steinigen Rasen, Schutthalden, Felsen, Bergwiesen, lichten Wäldern und Hochgrasfluren auf wechseltrockenen und basenreichen Böden; häufig anzutreffen.

67 Gemeine Margerite – *Leucanthemum vulgare* LAM.

Merkmale: Von Mai bis Oktober blühend, 10–80 cm hoch; mit mehrköpfigem Rhizom.
Laubblätter: Untere länglich, verkehrt eiförmig bis spatelförmig, 1–3 cm lang, gekerbt, gesägt oder fiederteilig und allmählich in den Stiel verschmälert; obere sitzend.
Blütenstand: Am Ende des Stengels je ein 2–4,5 cm breites Köpfchen; Hüllblätter lanzettlich und mit meist bräunlichschwarzen Rändern.
Blüten: Strahlenblüten (= Zungenblüten) weiss und bis 6 mm breit; Röhrenblüten hell- bis dunkelgelb gefärbt.
Früchte: Achänen 2–3,5 mm lang, meist rippig und zwischen den Rippen mit schwarzen Harzdrüsen; oben oft mit gezähntem Rand.
Standort: Von der kollinen bis in die subalpine Stufe in Äckern, Fettwiesen, Weiden, auf Schuttplätzen und entlang von Wegrändern auf frischen, nährstoff- und basenreichen, lockeren und meist etwas lehmigen Böden.

68 Gewöhnliche Alpenmargerite – *Leucanthemopsis alpina* HEYW.

Merkmale: Im Juli und August blühend, 5–15 cm hoch, ausdauernd und meist ganze Polster bildend.
Laubblätter: Grundständige gestielt, kammförmig fiederteilig und mit deutlich voneinander getrennten und 4–8mal so langen wie breiten Abschnitten; Mittelteil des Blattes nach oben nicht verschmälert.
Blütenstand: Am Ende des Stengels je 1–3 cm breites Köpfchen.
Blüten: Strahlenblüten (= Zungenblüten) weiss, bis 15 mm lang und beim Verblühen oft etwas rosa angelaufen; Röhrenblüten gelblich.
Früchte: Achänen bis 3 mm lang, 5rippig und oben mit einem gezähnten Rand.
Standort: In der alpinen Stufe in Rasen, Schutthalden, Schneetälchen und auf lange mit Schnee bedeckten Böden auf schneefeuchten, kalkarmen oder entkalkten, mässig sauren, modrig humosen und steinigen oder reinen Lehm- und Tonböden.

69 Alpenmasslieb – *Bellidiastrum michelii* CASS., *Aster bellidiastrum* SCOP.

Merkmale: Von Mai bis Juli blühend, 5–20 cm hoch, ausdauernd; Rhizom mehrköpfig.

Laubblätter: In einer grundständigen Rosette vereinigt und lang gestielt oder in einen schmalen geflügelten Stiel verlängert; Spreite lanzettlich, eiförmig oder verkehrt eiförmig, mit gewelltem oder stumpf gezähntem Rand und besonders unterseits behaart; Stengel blattlos.

Blütenstand: Am Ende des Stengels 2–4 cm breiter, spreublattloser Blütenkopf; Hüllblätter grünlich bis rötlich gefärbt, lanzettlich, in 2 Reihen angeordnet und zerstreut behaart.

Blüten: Strahlenblüten (= Zungenblüten) einreihig, weiss und ausserseits oft etwas rötlich; Röhrenblüten hell- bis dunkelgelb; Staubblätter 5; Fruchtknoten unterständig.

Früchte: Die 2–3 mm langen Achänen besitzen einen aus rauhen Borsten bestehenden Pappus.

Standort: Von der montanen bis in die alpine Stufe an Rutschhängen, waldigen Hängen, in Flachmooren, bei Quellfluren, an Felsbändern auf feuchten, basenreichen, meist kalkhaltigen und humosen Lehm-, Stein- oder Sumpfhumusböden in kühler und humider Lage; Licht-Halbschattpflanze.

70 Norwegisches Ruhrkraut – *Gnaphalium norvegicum* GUNNERUS

Merkmale: Im Juli und August blühend, 10–40 cm hoch, ausdauernd; Rhizom dünn, mehrköpfig.

Laubblätter: Bis 15 cm lang und bis 2 cm breit, lanzettlich, gegen die Spreitenbasis zu verschmälert, zugespitzt, 3aderig (mit deutlicher Hauptader und 2 weiteren Längsadern), beiderseits filzig behaart.

Blütenstand: Köpfchen bis 7 mm lang, in ährenartigen, lockeren Trauben zusammengefasst; Hüllblätter der Köpfchen meist stumpf, ganzrandig und mit breiten dunkelbraunen bis schwarzen Rändern; unterste Blätter des Gesamtblütenstandes länger als dieser.

Blüten: Äussere weiblich und fadenförmig; innere röhrenförmig, zwittrig und fertil; Staubbeutelhälften der 5 Staubblätter im unteren Bereich mit verlängerter Spitze; Insekten- und Selbstbestäubung.

Früchte: Achänen bis 3 mm lang, mit einem einreihigen Pappus aus sehr feinen Borsten.

Standort: In der subalpinen Stufe in lichten Wäldern, Weiden, Zwergstrauchgesellschaften, an grasigen Hängen, entlang von Wegrainen auf frischen bis mässig feuchten, kalkarmen und humosen Lehmböden; Pflanze wächst gerne in Rasenlücken.

71 Weisse Pestwurz – *Petasites albus* (L.) GAERTNER

Merkmale: Von März bis Juni blühend, zur Blütezeit bis 30 cm und zur Fruchtzeit bis 70 cm hoch.

Laubblätter: Grundständige nach Blütezeit erscheinend; diese sind bis 40 cm breit, rundlich herzförmig, lang gestielt, doppelt flachbuchtig gezähnt, unterseits auch im Alter noch graufilzig, oberseits zuerst graufilzig, später verkahlend; Schuppenblätter am Stengel hellgrün, lanzettlich bis oval.

Blütenstand: Köpfchen in kurzer, dichter Traube vereinigt; Köpfchen gestielt, bis 1 cm breit und mit 12–18 hellgrünen und dicht drüsig behaarten Hüllblättern.

Blüten: Alle röhrenförmig, mit weissen bis gelblichweissen Kronen; Staubblätter 5; Fruchtknoten unterständig; Insektenbestäubung.

Früchte: Achänen 2–3 mm lang, mit bis 12 mm langem Pappus; Windverbreitung.

Standort: In der montanen Stufe in krautreichen Buchen-, Tannen- und Fichtenwäldern an steilen Böschungen, bei Gebüschen auf sickerfrischen, kalkhaltigen, humosen, meist feinerde- und nährstoffreichen und tonigen Böden; Sickerwasserzeiger; Schatt- / Halbschattpflanze; Rohbodenpionier.

72 Grossblättrige Schafgarbe – *Achillea macrophylla* L.

Merkmale: Im Juni und Juli blühend, 50–100 cm hoch und verbreitet.

Laubblätter: Im Umriss bis 2mal so lang wie breit, etwas behaart, gefiedert, mit jederseits 2–8 Abschnitten; diese sind lanzettlich, zugespitzt, mit eingeschnittenen doppelt gesägten Rändern; obere Abschnitte zusammenfliessend.

Blütenstand: Mit 6–50 Köpfchen pro Stengel; Hüllblätter dunkelbraun berandet und meist zerstreut behaart.

Blüten: Zungenförmige Blüten 5–7, weiss, mit ausgebreitetem Teil, der länger ist als die Hülle; röhrenförmige Blüten gelblichweiss; Staubblätter 5; Fruchtknoten unterständig.

Früchte: Achänen eiförmig, abgeflacht, nicht gerippt und ohne Pappusborsten.

Standort: In der subalpinen Stufe in Grünerlen- und Alpenrosenbeständen, Hochstaudenfluren auf sickerfrischen, nährstoff- und basenreichen, meist kalkarmen, humosen, lockeren und meist mittelgründigen Lehm- und Tonböden; Halbschatt-Lichtpflanze; verbreitet.

73 Edelweiss – *Leontopodium alpinum* CASS.

Merkmale: Im Juli und August blühend, 5–20 cm hoch, ausdauernd und weissfilzig.
Laubblätter: Schmal lanzettlich, gegen den Grund zu allmählich verschmälert, 2–5 cm lang, zugespitzt, oberseits blaugrün, unterseits durch filzige Behaarung graugrün und wechselständig angordnet.
Blütenstand: Blütenköpfchen zu 1–10 doldenförmig gehäuft, 4–7 mm breit und von zahlreichen häutigen, braun berandeten Hüllblättern umgeben.
Blüten: Röhrenförmig und fadenförmig; äussere Köpfchen des gesamten Blütenstandes und die äusseren Blüten der inneren Köpfchen fadenförmig und weiblichen Geschlechts; innere Blüten der Köpfchen scheinbar zwittrig, wobei nur die Staubblätter fertil sind.
Früchte: Achänen ungefähr 1 mm lang, zerstreut und kurz behaart.
Standort: In der alpinen Stufe in sonnigen Rasen auf mässig frischen, basenreichen, meist kalkhaltigen, neutralen, lockeren und steinigen Böden.

74 Gemeines Katzenpfötchen – *Antennaria dioica* GAERTNER

Merkmale: Von Mai bis Juli blühend, 5–20 cm hoch, ausdauernd und mit oberirdischen Ausläufern versehen.
Laubblätter: Untere schmal oval, gegen den Grund zu verschmälert oder spatelförmig, kurz zugespitzt und unterseits weissfilzig behaart; obere schmal lanzettlich, zugespitzt und oft etwas rötlich; Pflanze mit Blattrosette.
Blütenstand: Mehrere bis 8 mm breite Köpfchen am Ende der Stengel doldenartig angeordnet; Hüllblätter dachziegelig zusammengestellt.
Blüten: Pflanzen zweihäusig; bei weiblichen Köpfchen Blüten rötlich, mit fadenförmiger Krone; bei männlichen Köpfchen Blüten scheinbar zwittrig, aber nur der Pollen fertil.
Früchte: Achänen bis 1 mm lang, zylindrisch und mit 6–10 langen Pappusborsten.
Standort: In der subalpinen und alpinen Stufe in mageren Wiesen, Weiden und Heiden auf trokkenen bis mässig frischen Böden.

75 Schneeweisse Pestwurz, Alpen-P. – *Petasites paradoxus* (RETZ.) BAUMG.

Merkmale: Von März bis Juli blühend, 15–30 cm hoch (zur Fruchtzeit bis 60 cm), Ausläufer treibend und mit kriechendem Wurzelstock.
Laubblätter: Dreieckig bis herzförmig, ungleich stachelspitzig gezähnt, oberseits graufilzig aber später verkahlend, unterseits bleibend dicht weissfilzig und am Ende der Blütezeit erscheinend; Lappen des Spreitengrundes auseinandertretend.
Blütenstand: Köpfchen mit hohlen Stielen versehen; Hüllblätter bräunlich bis rötlich gefärbt und oft schwach filzig.
Blüten: Kronblätter rötlich bis weiss; Pappus schneeweiss.
Früchte: Achänen 1–2 mm lang und mit einem weisslichen Pappus versehen.
Standort: In der subalpinen und alpinen Stufe (seltener montan) in buschigen Hängen, Geröllfluren, bei Rutschungen, im Bachgeröll und auf feuchten Moränen auf meist feuchten, kalkhaltigen und steinigen Böden.

76 Alpen-Kratzdistel – *Cirsium spinosissimum* SCOP.

Merkmale: Im Juli und August blühend, 20–50 cm hoch, ausdauernd, durchgehend beblättert, abstehend bis zottig behaart und mit einem dicken Rhizom versehen; Stengel einzeln oder nur wenig verzweigt.
Laubblätter: Lanzettlich, ungeteilt, zugespitzt, bis über die Mitte der Blatthälfte fiederteilig, mit stachelig gezähnten Abschnitten und steif anzufassen; die oberen Blätter umfassen den Stengel herzförmig.
Blütenstand: Köpfe zu mehreren geknäuelt am Ende der Stengel von zahlreichen bleichgrünen, steifen, stechenden, lanzettlichen und fiederteiligen Hochblättern umgeben.
Blüten: Alle röhrenförmig, 1–2 cm lang und blass- bis hellgelb gefärbt.
Früchte: Achänen 3–5 mm lang, gelblichbraun, mit einem bis 15 mm langen Pappus.
Standort: In der subalpinen und alpinen Stufe in Weiden, Lägerstellen, im Gesteinsschutt und bei Gebüschen auf frischen bis feuchten, nährstoffreichen, humosen und steinigen Lehm- und Tonböden.

77 Schwarzrandige- oder Hallers Schafgarbe – *Achillea atrata* L.

Merkmale: Im Juli und August blühend, 5–25 cm hoch, ausdauernd und mit stark verzweigtem Rhizom.

Laubblätter: Lanzettlich oder schmal rechteckig, bis nahe zur Mittelader fiederteilig, jederseits mit 6–12 zwei- bis fünfzähnigen Zipfeln und zerstreut behaart.

Blütenstand: Wenigköpfige, doldenartig geformte Traube; Köpfchen mit 5–8 mm langen, zerstreut behaarten und dunkelbraun bis schwarz berandeten Hüllblättern.

Blüten: Strahlenblüten (= Zungenblüten) weiss gefärbt, am Ende mit oft zwei deutlichen Kerben und zu 6–8 im Köpfchen; Röhrenblüten weisslich.

Früchte: Achänen bis 2 mm lang, flach eiförmig, ohne gezähnten Rand.

Standort: In der alpinen Stufe (seltener subalpin) in Schiefer- und Kalkschutthalden auf sickerfrischen bis feuchten, steinigen und auch kalkreichen Böden; in den Alpen verbreitet und häufig; widerstandsfähiger Schuttkriecher und schneller Schuttwanderer.

78 Moschus-Schafgarbe – *Achillea erba-rotta* ssp. *moschata* WULF

Merkmale: Von Juni bis August blühend, 5–20 cm hoch, ausdauernd und stark aromatisch.

Laubblätter: Im Umriss länglich, bis nahe der Mittelader fiederteilig und kahl oder etwas behaart; jederseits mit 5–12 ganzrandigen, seltener etwas gezähnten Zipfeln.

Blütenstand: Wenigköpfige, doldenartig geformte Traube; Köpfchen mit 3–5 mm langen, zerstreut behaarten und dunkelbraun berandeten Hüllblättern.

Blüten: Strahlenblüten (= Zungenblüten) weiss gefärbt, am Ende etwas gekerbt und zu 5–8 in den Köpfchen; Röhrenblüten weisslich und zwittrig.

Früchte: Achänen bis 2 mm lang, flach eiförmig, ohne gezähnten Rand und ohne Pappusborsten.

Standort: In der alpinen Stufe (seltener subalpin) im Geröll, Felsschutt, auf grasigen Hängen, in steinigen Rasen und Steinschuttfluren auf sickerfrischen, kalkarmen, bewegten oder ruhenden und lehmigen Steinschuttböden; Pionierpflanze; kalkfliehend; in der Schweiz nur die ssp. ***moschata*** WULF vertreten.

79 Clavenas Schafgarbe – *Achillea clavenae* L.

Merkmale: Im Juli und August blühend, 10–25 cm hoch und ausdauernd.

Laubblätter: Oval, bis nahe der Mittelader unregelmässig fiederteilig und seidig behaart; geflügelte Mittelader 2–5 mm breit, beiderseits anliegend seidig behaart, jederseits mit 3–8 zwei- bis fünfzipfeligen Abschnitten.

Blütenstand: Wenigköpfige, doldenartige Traube; Köpfchen bis 1,5 cm breit, mit hellgrauen, behaarten, schwarz berandeten Hüllblättern und zu 3–20 an einem Stengel.

Blüten: Strahlenblüten (= Zungenblüten) weiss gefärbt, am Ende mit oft etwas gewelltem Rand und zu 5–9 im Köpfchen; Röhrenblüten weiss und zwittrig.

Früchte: Achänen bis 2 mm lang, flach eiförmig und ohne Pappusborsten.

Standort: In der alpinen Stufe (seltener subalpin) in felsigen Hängen, steinigen Weiden, sonnigen Steinrasen und auf Felsschutt auf frischen, neutralen, humosen, lockeren und steinigen Lehmböden; auf Kalk und Dolomit.

80 Zwerg-Schafgarbe – *Achillea nana* L.

Merkmale: Im Juli und August blühend, 5–15 cm hoch und ausdauernd; gesamte Pflanze dicht und weisswollig behaart.

Laubblätter: Schmal lanzettlich, bis nahe der Mittelader fiederteilig, wollig behaart und mit jederseits 4–12 ungeteilten oder 2–5zähnigen Zipfeln; Mittelader dicht wollig.

Blütenstand: 5–20köpfige, doldenartig geformte Traube; Köpfchen bis 1 cm breit und mit 2–5 mm langen, fein wollig behaarten und schwarz berandeten Hüllblättern.

Blüten: Strahlenblüten (= Zungenblüten) weiss, schmal oval, am Ende mit wenigen Zähnen und zu 5–8 im Köpfchen; Röhrenblüten zwittrig und hellgelb bis braun gefärbt.

Früchte: Achänen bis 2 mm lang, flach eiförmig und ohne gezähnten Rand.

Standort: In der alpinen Stufe verbreitet auf Moränen, in Schutthängen und auf Schieferschuttfluren auf schneefeuchten, basenreichen, auch mässig sauren, lockeren Böden; besonders in den Zentral- und Südalpen verbreitet.

81 Berg-Gamander – *Teucrium montanum* L.

Merkmale: Von Juni bis August blühend, 10–25 cm lang, verzweigt, behaart, ausgebreitet und/oder niederliegend, am Grunde holzig.

Laubblätter: 5–20 mm lang, schmal lanzettlich, sitzend oder kurz gestielt, ganzrandig, mit leicht umgerolltem Rand, oberseits dunkelgrün und unterseits dicht weiss- bis graufilzig.

Blütenstand: Blüten in endständigen Köpfchen.

Blüten: Oberlippe der Krone scheinbar fehlend, in Wirklichkeit tief gespalten und die beiden Zipfel mit der Unterlippe verbunden (diese daher tief 5lappig), hellgelb oder weiss, bis 1 cm lang; Staubblätter 4; Fruchtknoten aus 2 verwachsenen Fruchtblättern, in 4 Klausen geteilt und oberständig.

Früchte: Nussartige Teilfrüchte bis 2 mm lang.

Standort: Von der kollinen bis in die subalpine Stufe (seltener alpin) in trockenwarmen Hängen, Felsen, sonnigen Kalk-Magerrasen, im Felsschutt auf warmen, trockenen, meist kalkreichen, feinerdearmen, steinigen oder kiesigen Lehm- und Tonböden; bis 140 cm tief wurzelnd.

82 Berg-Klee – *Trifolium montanum* L.

Merkmale: Von Mai bis Juli blühend, 10–50 cm hoch, aufsteigend oder aufrecht, filzig behaart.

Laubblätter: 3zählig; Teilblätter länglich lanzettlich bis schmal oval, unterhalb der Mitte am breitesten, zugespitzt, am Rand fein stachelspitzig gezähnt und unterseits anliegend behaart.

Blütenstand: Eiförmig bis kugelig, bis 15 mm breit, auf Stielen in den Achseln von Blättern.

Blüten: Meist weiss, seltener etwas gelblich oder rötlich, deutlich gestielt; Blütenstiele nach dem Verblühen herabgeschlagen; Kelchblätter 5, zugespitzt, gegen das Ende zu dunkelgrün gefärbt; Kronblätter in Fahne, Flügel und Schiffchen gegliedert; Staubblätter 10; Fruchtknoten aus einem Fruchtblatt bestehend.

Früchte: Hülsen.

Standort: Von der kollinen bis in die subalpine Stufe in Bergwiesen, Weiden, Kalk-Magerrasen, im Saum von Gebüschen und Wäldern auf mässig trockenen bis wechseltrockenen, basenreichen, kalkhaltigen Lehm- und Tonböden; Tiefwurzler; Bieneweide.

83 Walliser Wundklee – *Anthyllis vulneraria* ssp. *valesiaca* GUYOT

Merkmale: Von Mai bis September blühend, 10–30 cm hoch, aufrecht oder aufsteigend wachsend, mit unpaarig gefiederten Blättern.

Laubblätter: Stengelblätter 2–3, meist im unteren Teil liegend; Endteilblatt der oberen Stengelblätter länglich bis schmal oval, ganzrandig, zugespitzt, oberseits dunkelgrün, deutlich länger und breiter als die seitlichen.

Blütenstand: Dichte Köpfchen.

Blüten: Kelchblätter 5, verwachsen, mehr oder weniger aufgeblasen, weisshaarig; Kronblätter in Flügel, Schiffchen und Fahne gegliedert, weiss, hellgelb, seltener rosa oder purpurn; Flügel 13–18 mm lang; Schiffchenspitze dunkel gefärbt; Hüllblätter geteilt; Staubblätter 10; Fruchtknoten oberständig.

Früchte: Hülsen

Standort: In der subalpinen und alpinen Stufe (seltener montan) auf Alluvionen, in Weiden, Schutthalden auf steinigen, oft kalkarmen Böden.

84 Wald-Wicke – *Vicia sylvatica* L.

Merkmale: Von Juni bis August blühend, 30–140 cm lang; Stengel niederliegen oder kletternd.

Laubblätter: Unpaarig gefiedert und mit 6–12 Paaren von Seitenfiedern; Fiederblätter länglich bis schmal oval, 6–18 mm lang, mit zahlreichen schräg abstehenden Seitenadern, meist wechselständig angeordnet, kahl; Endfieder als verzweigte Ranke ausgebildet.

Blütenstand: 10–20blütige, gestielte, aufrechte oder nickende Traube.

Blüten: Kelchblätter 5, verwachsen, meist hellgrün, zugespitzt und ungleich lang endend; Kronblätter 5, verwachsen, bis 18 mm lang; Fahne und Flügel weiss und blau bis violett geadert; Schiffchen meist mit violetter Spitze; Staubblätter 10; Fruchtknoten oberständig.

Früchte: Hülsen 2–3 cm lang, flach, kahl und 4–8samig.

Standort: In der montanen und subalpinen Stufe in lichten Wäldern, Waldschlägen, bei Gebüschen, entlang von Waldrändern auf mäsig trockenen bis frischen, mehr oder weniger nährstoffreichen, humosen, oft steinigen oder sandigen Lehm- und Tonböden; Licht-Halbschattpflanze.

85 Niedlicher Augentrost – *Euphrasia pulchella* KERNER

Merkmale: Im Juli und August blühend, 2–10 cm hoch und mit dunkelroten bis braunen Stengeln versehen.
Laubblätter: Eiförmig bis rundlich, mit jederseits 1–3 stumpfen oder kurz zugespitzten Zähnen und deutlich behaart; Endzahn stumpf oder abgerundet.
Blütenstand: Blüten meist zu mehreren gehäuft in den Achseln der oberen Stengelblätter; seitliche Teilblütenstände gestielt.
Blüten: Kelch eng glockenförmig, 4teilig, 2–4 mm lang und behaart; Kronblätter 5, zu einer Röhre verwachsen, 6–8 mm lang und 2lippig; Staubblätter 4, von der Oberlippe eingeschlossen; Fruchtknoten oberständig.
Früchte: Mehrsamige und zweiklappig aufspringende Kapseln.
Standort: In der subalpinen und alpinen Stufe in Wiesen, Weiden und entlang von Gebüschen auf frischen bis feuchten und humosen Böden.

86 Schnee-Klee – *Trifolium pratense* ssp. *nivale* (KOCH) ARCANG.

Merkmale: Von Juni bis Oktober blühend, 5–20 cm hoch, ausdauernd und mit niederliegenden bis aufsteigenden Stengeln.
Laubblätter: Dreiteilig und lang gestielt; Teilblätter schmal eiförmig bis eiförmig, ganzrandig, meist bis 3 cm lang, am Ende zugespitzt, abgerundet oder etwas eingeschnitten und schwach behaart.
Blütenstand: 20–35 mm breite, vielblütige und kopfartige Traube.
Blüten: Kelchblätter 5, verwachsen, dicht behaart und weisslich bis grünlich (auch etwas rot überlaufen) gefärbt; unterer Kelchzahn nur etwa 1/3 so lang wie die Kelchröhre; Kronblätter 5, weiss oder rötlichweiss und aus 2 schmalen Flügeln, einem Schiffchen und einer etwas nach aussen gewölbten Fahne bestehend; Staubblätter 10; Fruchtknoten oberständig.
Früchte: Längliche und einsamige Nüsschen.
Standort: In der subalpinen und alpinen Stufe in Wiesen, Weiden und in der Nähe von Waldrändern auf frischen, ziemlich nährstoffreichen und lehmigen Böden.

87 Bleicher Klee – *Trifolium pallescens* SCHREBER

Merkmale: Im Juli und August blühend, 10–20 cm hoch und ausdauernd.
Laubblätter: Kurz gestielt und dreiteilig; Teilblätter schmal oval, meist sehr kurz gestielt, am Ende abgerundet oder etwas eingeschnitten, am Rand fein gezähnt und mit 10–20 Paaren von Seitenadern.
Blütenstand: Vielblütige und kopfartige Traube.
Blüten: Kelchblätter 5, verwachsen und grünlich; die 2 oberen Kelchzähne aneinanderliegend, durch eine spitze Bucht weniger tief als die übrigen voneinander getrennt; Kronblätter 5, weiss oder hellrosa gefärbt und in Schiffchen, 2 Flügel und Fahne gegliedert; Staubblätter 10; Fruchtknoten oberständig.
Früchte: Längliche und einsamige Nüsschen.
Standort: In der subalpinen und alpinen Stufe in Rasen und Alluvionen verbreitet; eine kalkmeidende Geröllpflanze.

88 Alpen-Tragant – *Astragalus alpinus* L.

Merkmale: Im Juli und August blühend, 5–15 cm hoch, mit aufsteigenden Stengeln und ausdauernd.
Laubblätter: Unpaarig gefiedert und mit 7–12 Paaren von Seitenfiedern; Fiederblätter schmal oval, ganzrandig, bis 2 cm lang, stumpf und beiderseits zerstreut behaart oder kahl.
Blütenstand: Langgestielte und kugelige Traube.
Blüten: Kelchblätter 5, verwachsen und grünlich bis rötlich gefärbt; Kronblätter 5 und verwachsen; Schiffchen am Ende violett und beinahe so lang wie die ebenfalls am Ende violett gefärbte Fahne; weissliche Flügel kürzer als das Schiffchen; Staubblätter 10; Fruchtknoten oberständig und aus zwei Fruchtblättern verwachsen.
Früchte: Hülsen bis 15 mm lang, bis 5 mm dick und dicht, kurz und dunkel behaart.
Standort: In der subalpinen und alpinen Stufe in Wiesen, Weiden und auch kalkreichen Rasen auf mässig trockenen bis frischen, neutralen bis sauren, humosen und tonigen Steinböden.

89 Weissorchis, Weisszunge – *Pseudorchis albida* (L.) LÖVE

Merkmale: Im Juni und Juli blühend, 10–30 cm hoch und mit geteilter Knolle.

Laubblätter: 5–15 cm lang, lanzettlich bis schmal oval, mit der grössten Breite oberhalb der Mitte, im untersten Bereich den Stengel umfassend, paralleladerig, gegen das Ende zu langsam zugespitzt und hell- bis mittelgrün gefärbt.

Blütenstand: Traube 3–6 cm lang, zylindrisch und dichtblütig.

Blüten: Perigonblätter hellgelb bis weisslich und oval; Lippe etwas länger als die äusseren Perigonblätter, nach dem Grunde keilförmig verschmälert und tief dreiteilig; Sporn walzenförmig, abwärts gebogen und so lang wie der Fruchtknoten; Staubblätter 2; Fruchtknoten unterständig.

Früchte: Vielsamige Kapseln.

Standort: In der subalpinen Stufe (seltener montan und alpin) in Magerrasen und Magerweiden auf mässig frischen, kalkfreien, modrig torfigen, humosen, etwas sauren, nährstoffarmen und steinigen oder reinen Lehmböden; in Silikatmagerrasen; wächst gerne mit Arnika zusammen.

90 Gemeines Brillenschötchen – *Biscutella laevigata* L.

Merkmale: Von Mai bis Juli blühend, 10–40 cm lang, im oberen Bereich meist verzweigt und meist steifhaarig.

Laubblätter: Grundständige 4–13 cm lang, länglich, rosettenartig gehäuft, ganzrandig oder etwas gezähnt, in einen Stiel verschmälert und vielfach behaart.

Blütenstand: Lockere Traube, die aus mehreren lang gestielten Teilblütenständen aufgebaut ist.

Blüten: Lang gestielt; Kelchblätter 4, hellgelb und am Grunde oft sackförmig ausgebuchtet; Kronblätter 4, vorn abgerundet, etwas gestielt und gelb; Staubblätter 6; Fruchtknoten oberständig und aus 2 Fruchtblättern zusammengesetzt.

Früchte: Schötchen brillenförmig und mit 3–5 mm langem Griffel.

Standort: In der subalpinen und alpinen Stufe (seltener montan) in steinigen Weiden, Felsspalten, Steinrasen, auf Felsbändern und Alluvionen auf sommerwarmen, trockenen bis mässig frischen, meist kalkhaltigen, neutralen und humosen Steinböden.

91 Immergrünes Felsenblümchen – *Draba aizoides* L.

Merkmale: Von Mai bis Juli blühend, 5–10 cm hoch, unverzweigt, kahl, blattlos, ausdauernd und mit einem Rhizom.

Laubblätter: In dichter, grundständiger Rosette vereinigt; einzelne Blätter bis 2 cm lang, schmal lanzettlich, zugespitzt, steif, lederig und am Rande lang und kammförmig bewimpert.

Blütenstand: 3–20blütige "Traube".

Blüten: Gestielt; Kelchblätter 4, kahl, 2–4 mm lang, etwas gebogen und gelblich bis grünlich gefärbt; Kronblätter 4, zu Beginn der Blütezeit gelb, später auch weisslich werdend; Staubblätter 6; Fruchtknoten oberständig, mit einem langen Griffel versehen und aus 2 Fruchtblättern verwachsen.

Früchte: Schötchen bis 10 mm lang, lang gestielt und mit einem 1–3 mm langen Griffel.

Standort: In der subalpinen und alpinen Stufe (seltener montan) in Steinrasen, Felsspalten, auf ruhendem Felsschutt und an sonnigen Felsen auf mehrheitlich trockenen, kalkreichen und feinerdearmen Steinböden.

92 Gelber Alpen-Mohn – *Papaver aurantiacum* LOISEL.

Merkmale: Im Juli blühend, 5–20 cm hoch, ausdauernd und mit mehrköpfigem Rhizom.

Laubblätter: Stengel ohne Blätter; Blätter in einer grundständigen Rosette vereinigt, bis auf die Mittelader 1–2fach gefiedert, blaugrün und mit 2–6 lineal lanzettlichen, stumpfen oder am Ende nur ganz kurz zugespitzten, ganzrandigen und behaarten oder auch kahlen Abschnitten.

Blütenstand: Einzelblüten.

Blüten: Kelchblätter 2, die Kronblätter ganz umschliessend und dicht braun behaart; Kronblätter 4, bis 4 cm lang, mit oben gewelltem Rand und goldgelb gefärbt; Staubblätter zahlreich; Staubfäden fadenförmig und sehr fein ausgebildet; Fruchtknoten oberständig und mit 5–7 Narbenstrahlen.

Früchte: Kapseln mit vorspringenden Längslinien und sich mit Löchern öffnend.

Standort: In der alpinen Stufe in beweglichem Felsschutt mit langer Schneebedeckung, Steinschutt-Fluren, Kalk-Grobschutthalden, auf Moränen und Alluvionen auf Kalk und Urgestein; Schuttkriecher; nur zertreut anzutreffen.

93 Kelch-Liliensimse – *Tofieldia calyculata* (L.) WAHL.

Merkmale: Von Juni bis September blühend, 10–35 cm hoch und ausdauernd; Rhizom kurz.
Laubblätter: Grasähnlich ausgebildet; Grundständige 2–5 mm breit, allmählich zugespitzt; Stengelblätter bis 4 an der Zahl, gegen den Blütenstand zu immer kleiner werdend oder auch fehlend.
Blütenstand: 2–7 cm lange und zylindrisch gestaltete Traube.
Blüten: Im unteren Bereich der Traube locker stehend, gestielt; Perigonblätter 6, lanzettlich, 3–4 mm lang, leicht ausgebuchtet, gelblichgrün bis weisslich, oft mit rötlicher Spitze; unterhalb der Blütenstiele je ein kleines, gewölbtes und oft 3teiliges Vorblatt; Staubblätter 6; Fruchtknoten oberständig.
Früchte: Vielsamige Kapseln.
Standort: Von der montanen bis in die alpine Stufe in Moorwiesen, Flach- und Quellmooren, feuchten Wiesen, steinigen Alpenrasen und an schattigen Böschungen auf wechselfeuchten bis frischen, kalkreichen, wasserzügigen und mässig nährstoffreichen Sumpfhumusböden oder humosen Lehm- und Tonböden; Kalk- und Feuchtigkeitszeiger.

94 Rosenwurz – *Rhodiola rosea* L.

Merkmale: Von Juni bis August blühend; Stengel 10–35 cm hoch, unverzweigt, bis 5 mm dick, ohne niederliegende sterile Triebe; Pflanze zweihäusig.
Laubblätter: Bis 6 cm lang, lanzettlich, zugespitzt, sitzend, fleischig, kahl, im oberen Bereich deutlich gezähnt, blaugrün gefärbt mit deutlich weisslicher Hauptader.
Blütenstand: Vielblütige Dolde.
Blüten: Kelchblätter 4, gelblich oder rötlich, zugespitzt, bis 1,5 mm lang; Kronblätter 4, gelblich, meist rötlich überlaufen, bis 3mal so lang wie die Kelchblätter; Kronblätter der weiblichen Blüten verkümmert oder fehlend.
Früchte: Mehrsamige Balgfrucht.
Standort: In der subalpinen und alpinen Stufe in etwas schattigen und felsigen Stellen, schneefeuchten Schneespalten, humosen Rasen; kalkfliehend; in den Südketten (Silikatgestein) verbreitet; Fliegenblume; auch als Zierpflanze verwendet.

95 Farnrauke – *Hugueninia tanacetifolia* (L.) RCHB.

Merkmale: Im Juli blühend, 30–100 cm hoch, im oberen Teil verzweigt, mit einzelnen bis zahlreichen kleinen Sternhaaren besetzt; Rhizom dick und verzweigt.
Laubblätter: Untere bis 30 cm lang, im Umriss breit lanzettlich bis oval, gefiedert, mit 8–12 Paaren von Fiederblättern; diese sind schmal lanzettlich, grob gezähnt oder auch gefiedert; Endfiederblatt gleich gross wie Seitenfiederblätter; obere Blätter kleiner und ungestielt.
Blütenstand: Doldenförmig.
Blüten: Kelchblätter 4, bis 3 mm lang; Kronblätter 4, gelb, bis 4,5 mm lang; Staubblätter 6; Fruchtknoten oberständig.
Früchte: Schote höchstens bis 15 mm lang, mit 6–8 mm langen, dünnen und abstehenden Stielen.
Standort: In der subalpinen und alpinen Stufe (seltener montan) in feuchten und felsigen Hängen, Hochstaudenfluren, Schuttplätzen auf feuchten und nährstoffreichen (insbesondere auf stickstoffreichen) Böden.

96 Gegenblättriges Milzkraut – *Chrysosplenium oppositifolium* L.

Merkmale: Von April bis Juli blühend, 5–20 cm hoch, ausdauernd und im Besitz von fadenförmigen Ausläufern.
Laubblätter: Grundständige breit oval (breiter als lang) bis rundlich, 10–25 mm im Durchmesser, an der Basis breit keilförmig verschmälert oder gestutzt, am Rande flach wellig gezähnt bis gekerbt und oberseits oftmals behaart; Stengelblätter 1–3paarig, gegenständig angeordnet und gestielt oder sitzend.
Blütenstand: Wenigblütige Dolde.
Blüten: Kelchblätter meist 4, bis 2 mm lang und gelb bis grünlichgelb gefärbt; Kronblätter keine vorhanden; Staubblätter 8; Fruchtknoten unterständig und aus 2 Fruchtblättern zusammengesetzt.
Früchte: Kapseln mit seidig glänzenden und braunroten Samen.
Standort: Meist in der montanen Stufe bei schattigen Quellen, überrieselten Felsen, entlang von Bächen, in Schluchten auf kühlen, sickernassen, nährstoff- und basenreichen Böden.

97 Mauerpfeffer-Steinbrech – *Saxifraga aizoides* L.

Merkmale: Von Juni bis August blühend, 3–25 cm hoch, mit aufsteigenden Stengeln und grössere Rasen bildend.
Laubblätter: 1–3 cm lang, lineal bis lineal lanzettlich, fleischig, zugespitzt, im Querschnitt halbkreisförmig und gegen den Grund zu am Rande fein bewimpert.
Blütenstand: 3–10blütige und drüsig behaarte Traube oder Rispe.
Blüten: Lang gestielt; Kelchblätter 5, kahl, 4–6 mm lang, eiförmig und den Kronblättern anliegend; Kronblätter 5, schmal elliptisch, **gelb gefärbt** und häufig mit dunklen Punkten versehen; Staubblätter 10; Fruchtknoten oberständig.
Früchte: Kapseln.
Standort: Von der montanen bis in die alpine Stufe an feuchten Schutthängen, Quellfluren und überrieselten Felsen auf sickernassen, basenreichen, meist kalkhaltigen und steinig kiesigen Ton- und Mergelböden.

98 Mauerpfeffer-Steinbrech – *Saxifraga aizoides* L.

Merkmale: Von Juni bis August blühend, 3–25 cm hoch, mit aufsteigenden Stengeln und grössere Rasen bildend.
Laubblätter: 1–3 cm lang, lineal bis lineal lanzettlich, fleischig, zugespitzt, im Querschnitt halbkreisförmig und gegen den Grund zu am Rande fein bewimpert.
Blütenstand: 3–10blütige und drüsig behaarte Traube oder Rispe.
Blüten: Lang gestielt; Kelchblätter 5, kahl, 4–6 mm lang, eiförmig und den Kronblättern anliegend; Kronblätter 5, schmal elliptisch, r**ötlich bis rötlichbraun gefärb**t und häufig mit dunklen Punkten versehen; Staubblätter 10; Fruchtknoten oberständig.
Früchte: Kapseln.
Standort: Von der montanen bis in die alpine Stufe an feuchten Schutthängen, Quellfluren und überrieselten Felsen auf sickernassen, basenreichen, meist kalkhaltigen und steinig kiesigen Ton- und Mergelböden.

99 Gefleckter Johanniskraut – *Hypericum maculatum* CRANTZ s.l.

Merkmale: Von Juni bis August blühend, 30–60 cm hoch, vorwiegend kahl, gegen die Spitze zu drüsig, im Innern des Stengels mit Mark, mit 2 erhabenen Längskanten und formenreich.
Laubblätter: Schmal elliptisch bis breit eiförmig und sehr oft nur die oberen gross durchscheinend punktiert.
Blütenstand: In reichblütigen Trugdolden.
Blüten: Kelchblätter 5, lanzettlich und zugespitzt; Kronblätter 5, goldgelb und schwarz gefleckt; Staubblätter zahlreich; Fruchtknoten oberständig und drüsig.
Früchte: 3–5blättrige Kapselfrucht.
Standort: Von der kollinen bis in die alpine Stufe in Wiesen, Hochstaudenfluren, Silikat Magerrasen, entlang von Wald- und Wegrändern, auch auf Moorwiesen und an Trockenhängen auf mehrheitlich trockenen bis feuchten, basenreichen, kalkarmen, sauer humosen Lehm- und Tonböden; sehr tief wurzelnd (bis 50 cm); Magerkeitszeiger.

100 Alpen-Mauerpfeffer – *Sedum alpestre* VILL.

Merkmale: Von Juli bis August blühend, 2–7 cm hoch; niederliegend oder aufsteigend.
Laubblätter: 2–6 mm lang, meist schmal verkehrt eiförmig, am Ende meist breit abgerundet, fleischig, in der Nähe der Blüte nahe beieinander liegend, jedoch unregelmässig stehend und wechselständig angeordnet.
Blütenstand: In wenigblütigen Wickeln.
Blüten: Kelchblätter 5, seltener 6, eiförmig, 2–3 mm lang und gelblichgrün gefärbt; Kronblätter 5, schmal eiförmig, 4–6 mm lang, stumpf oder nur kurz zugespitzt und weiss bis blassgelb; Staubblätter 10; Fruchtknoten 5, nicht verwachsen und mit gelber oder roter Färbung.
Früchte: 1–4 mm lange Balgfrüchte.
Standort: In der alpinen Stufe (seltener subalpin) in Rasen, im Felsschutt und an steinigen Erdanrissen auf frischen, basenreichen, kalkfreien, humosen, lehmigen, schwach sauren, lange mit Schnee bedeckten und ständig durchfeuchteten Böden; auch als Pionier auf nackten Felsen; verbreitet.

101 Grossblättriges Fingerkraut – *Potentilla grandiflora* L.
Merkmale: Von Juli bis August blühend, 20–40 cm hoch, ausdauernd und mit behaarten Stengeln.
Laubblätter: Grundständige mit 4–8 cm langen und abstehend behaarten Stielen und meist 3 radiär angeordneten Teilblättern; diese sind oval, bis 3 cm lang, beiderseits anliegend und schimmernd behaart, gegen den Grund zu keilförmig verschmälert und jederseits mit 4–9 stumpfen Zähnen; zwischen den Stielhaaren gelegentlich kugelige Drüsen vorhanden.
Blütenstand: Stengel reich verzweigt und wenig- bis vielblütig.
Blüten: Bis über 2 cm im Durchme sser; 10 behaarte Kelchblätter; Kronblätter 5, goldgelb, 1–2mal so lang wie die Kelchblätter und miteinander nicht verwachsen; Staubblätter zahlreich; Staubfäden kahl, mit nach aussen gerichteten und sich öffnenden Staubbeuteln; Fruchtknoten zahlreich.
Früchte: Zahlreiche einsamige Nüsschen.
Standort: In der subalpinen und alpinen Stufe in Magerrasen, an sonnigen und felsigen Hängen oder in Rasen auf basenreichen, meist kalkarmen und steinigen Lehmböden.

102 Berg-Hahnenfuss – *Ranunculus montanus* WILLD. s.l.
Merkmale: Von Mai bis Juni blühend, 20–50 cm hoch, ausdauernd und mit kahlem Rhizom;
Laubblätter: Stengelblätter sehr verschieden ausgebildet; grundständige glänzend, kahl oder schwach behaart, im Umriss queroval, rundlich, 5eckig und 3teilig, wobei die seitlichen Abschnitte bis weit zum Grunde hinunter eingeschnitten sind; obere Stengelblätter mit 3–7 ungleich gestalteten Abschnitten.
Blütenstand: Stengel 1–5blütig.
Blüten: Kelchblätter 5, gelblich, gegen das Ende zu etwas grünlich; Kronblätter 5, gelb und am Ende abgerundet; Staubblätter zahlreich; auf dem behaarten Blütenboden zahlreiche Fruchtknoten.
Früchte: Rundliche und kahle Nüsschen mit einem gebogenen Schnabel.
Standort: In der subalpinen und alpinen Stufe (seltener montan) in Schutthalden, Fettwiesen, Weiden, lichten Wäldern und Moorwiesen auf nährstoffreichen, mehr oder weniger kalkhaltigen und humosen Böden; **abgebildete Pflanze aus der unteren subalpinen Stufe**.

103 Gold-Fingerkraut – *Potentilla aurea* L.
Merkmale: Von Juni bis August blühend und 5–20 cm hoch.
Laubblätter: Grundständige mit einem 2–5 cm langen, anliegend behaarten Stiel und 5 radiär angeordneten Teilblättern; diese sind oval, bis 2,5 cm lang und mit der grössten Breite oberhalb der Mitte; oberste Stengelblätter oft lanzettlich.
Blütenstand: Stengel 1–5blütig.
Blüten: Je 5 schmal ovale und gleich grosse Aussen- und Innenkelchblätter; Kronblätter 5, breit herzförmig, am Grunde meist mit einem dunkelgelben Fleck und goldgelb gefärbt; Staubblätter zahlreich; Fruchtknoten zahlreich.
Früchte: Kahle Nüsschen.
Standort: In der subalpinen und alpinen Stufe in Wiesen, Weiden, Magerrasen, Schneemulden und bei Zwergsträuchern auf mässig trockenen bis wechselfeuchten, basen- und kalkarmen, etwas sauren und humosen Böden.

104 Silber-Fingerkraut – *Potentilla argentea* L.
Merkmale: Im Juli und August blühend, 10–40 cm hoch und mit weissfilzigen Stengeln versehen.
Laubblätter: 5zählig und mit lang behaarten Stielen; Teilblätter schmal elliptisch, gegen den Grund zu keilförmig verschmälert, beiderseits mit 2–5 Zähnen und unterseits dicht weiss- bis graufilzig behaart.
Blütenstand: Stengel zwei- bis mehrblütig.
Blüten: Äussere 5 Kelchblätter lanzettlich, die 5 Inneren etwas breiter ausgebildet; Kronblätter 5, breit oval, meist etwas ausgerandet und gelb gefärbt; Staubblätter zahlreich und mit kahlen Staubfäden; Fruchtknoten zahlreich.
Früchte: Kahle Nüsschen; die Samen werden jeweils durch den Wind herausgeschüttelt.
Standort: Von der kollinen bis in die subalpine Stufe in steppenähnlichen Wiesen, auf Felsköpfen, entlang von Wegrändern und an Mauern auf sommerwarmen, trockenen, mässig nährstoffreichen, kalkarmen und etwas sauren Sand- und Steinböden.

105 Vielteiliges Fingerkraut – *Potentilla multifida* L.

Merkmale: Im Juli und August blühend, 4–30 cm hoch und mit ausgebreiteten bis aufsteigenden Stengeln.

Laubblätter: Grundständige im Umriss oval bis rundlich, bis 3 cm lang und fingerförmig zusammengesetzt; Fiedern 1. Ordnung 1–2 cm lang und meist bis auf die Mittelader eingeschnitten; obere Stengelblätter ebenfalls stark gefiedert.

Blütenstand: Stengel mehr- bis vielblütig und anliegend behaart.

Blüten: Äussere 5 Kelchblätter schmal lanzettlich bis schmal keilförmig und zugespitzt; die Inneren 5 breiter und etwas länger; alle jedoch behaart; Kronblätter 5, oval, ausgerandet und hell- bis dunkelgelb; zahlreiche Staubblätter mit kahlen Staubfäden; Fruchtknoten zahlreich.

Früchte: Nüsschen.

Standort: In der alpinen Stufe in Weiden, auf Schaf- und Wildtierlägern und bei Felsen auf stickstoffreichen, kalkarmen oder auch kalkreichen Böden; bis nach Spitzbergen reichend.

106 Europäische Trollblume – *Trollius europaeus* L.

Merkmale: Von Mai bis Juli blühend, 20–60 cm hoch und ausdauernd.

Laubblätter: Grundständige lang gestielt und 5teilig; Fiederblätter oval, gegen den Grund zu keilförmig verschmälert und besonders im oberen Bereich ungleich gezähnt; untere Stengelblätter gleich aussehend; obere Stengelblätter sitzend und von einfacherer Form.

Blütenstand: Pro Stengel 1–3 Blüten.

Blüten: Perigonblätter 5–15, oval, bis 2,5 cm lang und kugelförmig zusammenneigend; die zahlreichen Honigblätter bis 7 mm lang, oben abgerundet und nach dem Grunde zu verschmälert; Staubblätter und Fruchtknoten zahlreich; Narben schnabelartig geformt.

Früchte: Mehrsamige und bis 1 cm lange Balgfrüchte.

Standort: In der montanen und subalpinen Stufe in moorigen Wiesen, Bergfettwiesen, auf Lägerstellen, entlang von Bachufern und an Quellen auf sicker- oder grundfeuchten, oft nährstoff- und basenreichen, auch kalkarmen Lehm- und Tonböden.

107 Berg-Hahnenfuss – *Ranunculus montanus* WILLD. s.l.

Merkmale: Im Mai und Juni blühend, 20–50 cm hoch, ausdauernd und mit kahlem Rhizom.

Laubblätter: Stengelblätter sehr verschieden ausgebildet; grundständige glänzend, kahl oder schwach behaart, im Umriss queroval, rundlich, 5eckig und 3teilig, wobei die seitlichen Abschnitte bis weit zum Grunde hinunter eingeschnitten sind; obere Stengelblätter mit 3–7 ungleich gestalteten, meist lanzettlichen Abschnitten.

Blütenstand: Stengel meist 1blütig, verschiedentlich auch 2–5blütig.

Blüten: Kelchblätter 5, gelblich, gegen das Ende zu etwas grünlich; Kronblätter 5, gelb und am Ende abgerundet; Staubblätter zahlreich; auf dem behaarten Blütenboden zahlreiche Fruchtknoten.

Früchte: Rundliche und kahle Nüsschen mit einem gebogenen Schnabel.

Standort: In der subalpinen und alpinen Stufe (seltener montan) in Schutthalden, Fettwiesen, Weiden, lichten Wäldern und Moorwiesen auf nährstoffreichen, mehr oder weniger kalkhaltigen und humosen Böden; **abgebildete Pflanze aus der alpinen Stufe**.

108 Hahnenfussartiges Hasenohr – *Bupleurum ranunculoides* L.

Merkmale: Im Juli und August blühend, 20–50 cm hoch, fast ohne abgestorbene Blattscheiden und ausdauernd.

Laubblätter: Grundständige lanzettlich oder lineal, 5–10 cm lang, ganzrandig, mehr oder weniger gestielt und den Stengel zum Teil umfassend; Stengelblätter linealisch, meist ungestielt; Hochblätter 1. Ordnung (an der Ansatzstelle der Dolde) zu 2–5; Hochblätter 2. Ordnung meist 5, breit oval bis rundlich und hell gelblichgrün gefärbt.

Blütenstand: Dolde

Blüten: Dolden 2. Ordnung mit bis 20 Blüten; diese mit je 5 gelbgrünen bis gelblichen Kelch- und Kronblättern; Staubblätter 5; Fruchtknoten unterständig.

Früchte: Spaltfrüchte; Teilfrüchte dunkelbraun, mit 5 schmalen Hauptrippen.

Standort: In der montanen und subalpinen Stufe in Steinrasen und auf Felsen auf sonnigen, trockenen bis frischen, meist kalkhaltigen und steinigen Böden.

109 Gelber Enzian – *Gentiana lutea* L.
Merkmale: Von Juni bis August blühend, 50–130 cm hoch, ausdauernd und mit einem dicken Rhizom versehen.
Laubblätter: 6–20 cm lang, elliptisch bis breit elliptisch, paralleladerig, gegenständig angeordnet und blaugrün gefärbt.
Blütenstand: Blüten zu 3–10 in den Achseln der oberen Blätter angeordnet.
Blüten: Kelch häutig, 2–6zähnig und auf einer Seite scheidenförmig aufgeschlitzt; Kronblätter 5 oder 6, schmal elliptisch, zugespitzt, 2–3,5 cm lang und gelb gefärbt; Staubblätter 5; Fruchtknoten oberständig, vielsamig und aus 2 Fruchtblättern zusammengesetzt.
Früchte: An den Rändern sich öffnende Kapseln.
Standort: In der montanen und subalpinen Stufe in Berg- und Fettwiesen, Weiden, Magerrasen, Hochstaudenfluren und Flachmooren auf wechselfeuchten, basen- und nährstoffreichen, meist kalkhaltigen und tonigen Böden.

110 Gemeine Berg-Nelkenwurz – *Geum montanum* L.
Merkmale: Von Mai bis August blühend, 10–40 cm hoch und ohne Ausläufer.
Laubblätter: Gefiedert und bis 8 cm lang; seitliche Fiederblätter klein und mit 3–5 grossen Zähnen; Endfiederblatt sehr gross, etwas gelappt, mit breit abgerundeten Zähnen und am Grunde oft schwach herzförmig.
Blütenstand: Einzelblüten.
Blüten: 5–6zähnig; Kelchblätter doppelt so viele wie Kronblätter, behaart und meist grün; Kronblätter rundlich, bis 2 cm lang und gelb; Staubblätter und Fruchtblätter zahlreich.
Früchte: Einsamige Nüsschen mit auffallend verlängertem und federig behaartem Griffel, der jeweils nach der Blütezeit erhalten bleibt.
Standort: In der subalpinen und alpinen Stufe in Wiesen, Weiden, Magerrasen und bei Zwergstrauchgesellschaften auf mässig trockenen bis feuchten, kalkfreien, mehr oder weniger basenarmen, dafür etwas sauren und meist steinigen Böden.

111 Schwefel-Anemone – *Pulsatilla alpina* ssp. *apiifolia* NYMAN
Merkmale: Von Mai bis Oktober blühend, 15–30 cm hoch und mit behaartem Stengel.
Laubblätter: Meist nur ein grundständiges Blatt ausgebildet, das zur Fruchtzeit lang gestielt ist; die 3 Stengelblätter (= Hochblätter) am Grunde nicht verwachsen, dreiteilig, zusätzlich stark gefiedert und bis 20 cm breit.
Blütenstand: Einzelblüten.
Blüten: 2–6 cm im Durchmesser; Perigonblätter meist 6, radiär angeordnet, innerseits kahl, ausserseits meist behaart und beiderseits schwefelgelb; Staubblätter zahlreich; keine Honigblätter vorhanden; Fruchtknoten zahlreich.
Früchte: Nüsschen mit bei der Reife 3–5 cm langen und behaarten Griffeln.
Standort: In der subalpinen Stufe (seltener montan und alpin) in Weiden und bei Zwergsträuchern auf mässig frischen, kalk- und nährstoffarmen, etwas sauren und modrig humosen Böden; in den Alpen besonders in den Urgesteinsketten anzutreffen.

112 Aurikel, gelbe Felsen-Primel, Flühblümchen – *Primula auricula* L.
Merkmale: Im Mai blühend, 10–25 cm hoch und mit nur wenigen Drüsenhaaren an den Stengeln.
Laubblätter: 6–12 cm lang, bis 6 cm breit, verkehrt eiförmig, allmählich in den kurzen und breiten Blattstiel verschmälert, fleischig, ganzrandig, im oberen Teil oft breit gezähnt und mehlig mit randständigen Drüsenhaaren.
Blütenstand: Gestielte Dolde mit ovalen Tragblättern.
Blüten: Kelchblätter 5, miteinander verwachsen und mehlig; Kronblätter 5, miteinander verwachsen, leuchtend gelb, am Schlundeingang mit einem mehligen Ring und duftend; Staubblätter 5; Fruchtknoten oberständig.
Früchte: 6–15 mm lange Kapseln.
Standort: In der subalpinen und alpinen Stufe in Steinrasen, Felsen, Moorwiesen auf sickerfrischen, meist kalkhaltigen, neutralen, humosen oder feinerde- und humusarmen Steinböden; auch auf Torfböden; ein ausgeprägter Spaltenwurzler.

113 Echtes Stiefmütterchen, Feld-Veilchen – *Viola tricolor* L. STR.
Merkmale: Von März bis September blühend und 5–30 cm hoch.
Laubblätter: 1–3 cm lang, lanzettlich bis schmal oval, mit jederseits 2–5 Zähnen, seltener ganzrandig; Nebenblätter tief eingeschnitten, oft so lang wie die übrigen Blätter und mit stumpf gezähntem Endfiederblatt.
Blütenstand: Lang gestielte Blüten einzeln in den Achseln eines Blattes.
Blüten: Kelchblätter 5, lanzettlich, zugespitzt und mit den Anhängseln bis 16 mm lang; Kronblätter 5, rundlich, violett, gelb und/oder weiss, aber auch mehrfarbig; unterstes Kronblatt mit dem Sporn 10–25 mm lang; Staubblätter 5; Fruchtknoten oberständig.
Früchte: Dreiklappig aufspringende Kapseln.
Standort: In der montanen und subalpinen Stufe (seltener kollin) in Wiesen, Äckern, bei Dünen, an grasigen Hängen und entlang von Wegrändern auf frischen, nährstoffreichen, oft kalkhaltigen, humosen und sandigen Lehmböden.

114 Gelbes Alpen-Stiefmütterchen – *Viola tricolor* ssp. *subalpina* (*lutea*) HUDS.
Merkmale: Von Mai bis September blühend, 10–30 cm hoch, ausdauernd und wohlriechend.
Laubblätter: Untere rundlich, gestielt, mit herzförmigem Grund und gekerbtem Rand; obere lanzettlich und am Grunde keilförmig verschmälert; Nebenblätter tief fiederspaltig und mit einem grossen Endabschnitt.
Blütenstand: Lang gestielte Blüten einzeln in den Achseln eines Blattes.
Blüten: Kelchblätter 5, nicht verwachsen, lanzettlich, zugespitzt und mit den Anhängseln bis 20 mm lang; Kronblätter 5, nicht verwachsen, oval bis rundlich und meist gelb gefärbt; untere 3 Kronblätter mit dunklen Strichen; unterstes Kronblatt mit einem kräftigen dunkelgelben Fleck; Staubblätter 5; Fruchtknoten oberständig.
Früchte: Dreiklappig aufspringende Kapseln.
Standort: In der montanen und subalpinen Stufe in Feldern, Wiesen und Weiden auf frischen, nährstoffreichen, meist kalkarmen und humosen Lehm- und Tonböden.

115 Grossblütiger Fingerhut – *Digitalis grandiflora* MILLER
Merkmale: Von Juni bis August blühend, 30–80 cm hoch und ausdauernd.
Laubblätter: Schmal- bis breit lanzettlich, nach oben spitz zusammenlaufend, unregelmässig fein gezähnt, am Rande und unterseits auf den Adern deutlich behaart und nur im unteren Bereich des Hauptsprosses gestielt; Pflanze drüsig behaart.
Blütenstand: Lange, einseitswendige Traube mit kurz gestielten Blüten.
Blüten: Kelchblätter 5, lanzettlich, zugespitzt und drüsig behaart; Kronblätter 5, glockenförmig verwachsen, hellgelb, bis 4 cm lang und an der Aussenseite drüsig behaart; Staubblätter 4, nicht aus der Kronröhre herausragend; Fruchtknoten oberständig.
Früchte: Kapseln.
Standort: In der montanen und subalpinen Stufe vor allem in Hochstaudenfluren, lichten Wäldern, an Böschungen und auf sonnigen Steinhalden auf sommerwarmen, frischen, humosen, nährstoff- und basenreichen Böden.

116 Straussblütige Glockenblume – *Campanula thyrsoides* L.
Merkmale: Im Juni und Juli blühend, 10–50 cm hoch, zweijährig und dicht beblättert.
Laubblätter: 5–15 cm lang, länglich- bis schmal oval, rauhhaarig, am Ende meist stumpf, ganzrandig und kaum gestielt.
Blütenstand: Blüten zu 1–3 in den Achseln der Blätter und alle zusammen zu einer dichten, endständigen Ähre zusammengefasst.
Blüten: Kelchblätter 5, im unteren Bereich verwachsen und mit behaarten Kelchzipfeln; Kronblätter 5, glockenförmig verwachsen, bis 2,5 cm lang, gelblich und dicht behaart; Staubblätter 5, behaart und den Griffel umschliessend; Fruchtknoten unterständig.
Früchte: Behaarte Kapseln sich in der Nähe des Grundes mit 3 Löchern öffnend.
Standort: In der subalpinen und alpinen Stufe in Bergwiesen und an sonnigen Rasenhängen auf sommerwarmen, frischen, mehr oder weniger nährstoff- und basenreichen, meist kalkhaltigen und oft steinigen Lehm- und Tonböden.

117 Wald-Schlüsselblume – *Primula elatior* (L.) HILL.

Merkmale: Von März bis August blühend, 10–30 cm hoch und mit behaarten Blütenstielen.
Laubblätter: 10–20 cm lang, bis 6 cm breit, länglich eiförmig, rasch in den unten sehr schmal geflügelten Stiel verschmälert, an der Oberfläche etwas runzelig, in der Jugend am Rande umgerollt, unregelmässig fein gezähnt und besonders auf den Adern behaart.
Blütenstand: Vielblütige und einseitswendige Dolde.
Blüten: Kelchblätter 5, miteinander verwachsen, 6–15 mm lang, scharfkantig und hellgrün gefärbt; Kronblätter 5, verwachsen, hellgelb gefärbt, ohne orangegelbe Flecken, nur wenig duftend und mit trichterförmig ausgebreiteten, wenig tief ausgerandeten Kronzipfeln; 5 in der Krone angewachsene Staubblätter; Fruchtknoten oberständig, einfächerig, mit einem Griffel und einer kopfförmigen Narbe.
Früchte: 10–15 mm lange Kapsel.
Standort: Von der kollinen bis in die subalpine Stufe in schattigen Wiesen, Auenwäldern, bei Gebüschen, an Lägerstellen, Böschungen auf sickerfrischen, neutralen, nährstoff- und basenreichen Böden.

118 Frühlings-Schlüsselblume – *Primula veris* L. S.L.

Merkmale: Von April bis August blühend, 10–30 cm hoch und samtig behaart.
Laubblätter: 5–15 cm lang, bis 4 cm breit, länglich eiförmig, oft abrupt in den geflügelten Stiel verschmälert, am Spreitengrund gestutzt bis herzförmig, etwas runzelig, in der Jugend am Rande umgerollt, unregelmässig gezähnt, leicht behaart und hell- bis dunkelgrün gefärbt.
Blütenstand: Vielblütige und einseitswendige Dolde.
Blüten: Wohlriechend; Kelchblätter 5, verwachsen, bis 15 mm lang, scharfkantig, behaart, etwas aufgeblasen und hellgrün; Kelchzähne 3–5 mm lang, lanzettlich; Kronblätter 5, verwachsen, dunkelgelb, bei langgriffligen Pflanzen oft mit einem orangeroten Flecken; Zipfel nur wenig ausgerandet; Staubblätter 5; Fruchtknoten oberständig; Insektenbestäubung.
Früchte: 10–15 mm lange Kapseln.
Standort: Von der kollinen bis in die subalpine Stufe in Wiesen, Streuwiesen, an Rainen, entlang von Waldrändern, bei Hecken auf mässig trockenen bis frischen, kalkhaltigen und neutralen Böden.

119 Goldprimel – *Androsace vitaliana* (L.) LAP.

Merkmale: Im Juni und Juli blühend, 4–10 cm hoch und Rasen mit zahlreichen Rosetten bildend.
Laubblätter: 4–12 mm lang, bis 2 mm breit, schmal lanzettlich, mit der grössten Breite unterhalb der Mitte, mit randständigen Haaren, hellgrün gefärbt und mit weisslichem Belag; unterhalb der Rosetten mit zahlreichen abgestorbenen Blättern.
Blütenstand: In den obersten Blattachseln einzelne Blüten mit 2–5 mm langen, behaarten Stielen.
Blüten: Kelchblätter 5, verwachsen, 3–7 mm lang, behaart und mit 2–4 mm langen Zähnen; Kronblätter 5, verwachsen, hell- bis dunkelgelb gefärbt, mit 4–8 mm langen, schmal- bis breit ovalen, vorn abgerundeten Zipfeln; Staubblätter 5, in der bis 15 mm langen Kronröhre angewachsen; Fruchtknoten oberständig; Insektenbestäubung.
Früchte: Bis 5 mm lange Kapseln, die sich bis zur Mitte mit 5 Zähnen öffnen.
Standort: In der alpinen Stufe (bis über 3000 m.ü.M. steigend) in Rasen, auf Felsbändern auf ziemlich feuchten, meist kalkhaltigen und feinerdereichen Böden.

120 Grosse Wachsblume – *Cerinthe major* L.

Merkmale: Von Juni bis August blühend, 20–60 cm hoch, kahl, ausdauernd; Rhizom dick.
Laubblätter: Diejenigen der sterilen Blattrosetten oval, bis 30 cm lang, 2–4 cm breit und in den geflügelten Stiel verschmälert; Stengelblätter schmal oval bis oval, bis 15 cm lang, mit abgerundetem Ende und am Grunde mit stumpfen Zipfeln.
Blütenstand: Traubenartig.
Blüten: Kelchblätter 5, nur am Grunde verwachsen, schmal oval; Kronblätter 5, verwachsen, jeweils 8–12 mm lang, gelblich und ausserseits besonders im unteren Teil braunrot oder bläulich gefleckt; Kronzipfel nach aussen gebogen; Staubblätter 5, in der Krone angewachsen; Fruchtknoten oberständig, aus 2 Fruchtblättern bestehend; diese durch Scheidewand je 2teilig.
Früchte: Jede Frucht zerfällt bei der Reife in 4 Nüsschen.
Standort: In der subalpinen Stufe in Hochstaudenfluren, im Grünerlengebüsch, an steinigen Hängen und bei Viehlägern auf frischen, nährstoffreichen und meist kalkhaltigen Böden.

121 Getüpfelter Enzian – *Gentiana punctata* L.

Merkmale: Im Juli und August blühend, 20–60 cm hoch, ausdauernd und mit einem dicken Rhizom versehen.

Laubblätter: 10–20 cm lang, bis 8 cm breit, breit lanzettlich bis oval, zugespitzt, ganzrandig und meist mit 5 parallel verlaufenden Hauptadern.

Blütenstand: Einzelblüten in den Achseln der Blätter und am Ende des Triebes gehäuft.

Blüten: Kelch unregelmässig 5–8teilig und mit aufrechten Zipfeln; Kronblätter 5, glockenförmig verwachsen, hellgelb, schwarz punktiert und mit 5–8 stumpfen Zipfeln; Staubblätter meist 5; Fruchtknoten oberständig und aus 2 Fruchtblättern bestehend.

Früchte: Kapseln, die an den Verwachsungsnähten aufspringen.

Standort: In der subalpinen und alpinen Stufe in Wildheuplanken, Zwergstrauchgebüschen und auf Magerweiden auf frischen, kalkarmen, meist sauren, humosen, mehr oder weniger tiefgründigen und lehmigen oder tonigen Böden.

122 Arnika – *Arnica montana* L.

Merkmale: Von Juni bis August blühend, 15–60 cm hoch und ausdauernd.

Laubblätter: Schmal oval bis oval, ganzrandig, gegenständig angeordnet, am Rande meist behaart und am Stengel zu 1–3 Paaren; grundständige Blätter eine Rosette bildend.

Blütenstand: Mit den Strahlenblüten bis 8 cm im Durchmesser; pro Pflanze 1–5 Köpfchen; Köpfchenboden behaart.

Blüten: Strahlenblüten (= Zungenblüten) nur weiblich, mit 2–3 cm langen Kronen und behaarter Kronröhre; röhrenförmige Blüten zwittrig und mit 5 Staubblättern; Fruchtknoten unterständig.

Früchte: Achänen zylindrisch, 5–10rippig und mit 8 mm langem Pappus.

Standort: In der subalpinen und alpinen Stufe in Bergwiesen, Silikat Magerrasen, Weiden, an lichten Waldstellen und auch in sauren Mooren auf frischen bis wechselfeuchten, nährstoff-, kalk- und basenarmen, sauren und modrig humosen Lehm- und Tonböden; auch auf Torf; Magerkeitszeiger; düngerfeindlich; schlechte Futterpflanze; Arzneipflanze.

123 Alpen-Goldrute – *Solidago virgaurea* ssp. *minuta* (L.) ARCANGELI

Merkmale: Im Juli und August blühend, 10–40 cm hoch und ausdauernd; Stengel im Innern mit Mark versehen.

Laubblätter: Lanzettlich, im unteren und mittleren Bereich der Pflanze gestielt; im oberen Teil nur kurz gestielt oder sitzend.

Blütenstand: Köpfchen seitenständig in den Achseln von Laubblättern und endständig in einer dichten Rispe zusammengefasst.

Blüten: Strahlenblüten (= Zungenblüten) weiblich und viel länger als die Röhrenblüten; bei den letzteren die 5 gelben Kronblätter zu einer Röhre verwachsen; Staubblätter 5; Fruchtknoten unterständig.

Früchte: Achänen 4–6 mm lang und mit einem bis 5 mm langen Pappus.

Standort: In der subalpinen und alpinen Stufe in Magerrasen, Wiesen, Weiden, Hochstaudenfluren und bei Zwergsträuchern auf frischen bis mässig feuchten Böden.

124 Fuchs' Greiskraut, Fuchs' Kreuzkraut – *Senecio ovatus* WILLD.

Merkmale: Von Juli bis September blühend, 50–130 cm hoch, ausdauernd und mit einem dünnen Rhizom versehen.

Laubblätter: Lanzettlich, in den schmal geflügelten Stiel verschmälert, zugespitzt, ganzrandig oder fein gezähnt, kahl oder etwas behaart und oft auch mit etwas rötlich gefärbter Hauptader.

Blütenstand: Zahlreiche Köpfchen in einer doldenartigen Rispe vereinigt; Hüllblätter schmal lanzettlich; Blütenkopfboden etwas gewölbt, ohne Spreuschuppen und ohne Haare.

Blüten: Strahlenblüten (= Zungenblüten) weiblich, bis 20 mm lang und gelb; Röhrenblüten zwittrig, mit 5 verwachsenen Kronblättern, 5 Staubblättern und einem unterständigen Fruchtknoten.

Früchte: Achänen bis 4 mm lang, 10–15rippig und mit einem 8–12 mm langen Pappus.

Standort: In der montanen und subalpinen Stufe in Waldschlägen, Weiden und bei Gebüschen auf frischen, nährstoffreichen, humosen und meist mittelgründigen Lehmböden; Waldbodenbereiter; Nitrifizierungszeiger; Bestäubung durch Falter, Fliegen und Käfer.

125 Grossköpfige Gemswurz – *Doronicum grandiflorum* LAM.
Merkmale: Im Juli und August blühend, 20–50 cm hoch und ausdauernd.
Laubblätter: Grundständige breit oval, gestielt, am Spreitengrund gestutzt oder schwach herzförmig, am Ende abgerundet oder stumpf, meist buchtig gezähnt und etwas behaart; untere Stengelblätter mit verbreitertem Grund den Stengel etwas umfassend; obere Blätter sitzend, den Stengel etwas umfassend, grob gezähnt und meist zugespitzt.
Blütenstand: Am Ende des Stengels ein bis 6 cm breiter Blütenkopf.
Blüten: Strahlenblüten (= Zungenblüten) weiblich; Röhrenblüten zwittrig, mit 5 verwachsenen Kronblättern, 5 Staubblättern und einem unterständigen Fruchtknoten.
Früchte: Achänen zylindrisch, bis 4 mm lang und mit rauhen Pappushaaren.
Standort: In der alpinen Stufe verbreitet in lockeren und meist kalkreichen Steinschuttböden an frischen bis feuchten, durchsickerten und lange mit Schnee bedeckten Standorten; Schuttkriecher; Pflanze mit hohlem Stengel.

126 Clusius` Gemswurz – *Doronicum clusii* (ALL.) TAUSCH
Merkmale: Im Juli und August blühend, 10–30 cm hoch und ausdauernd.
Laubblätter: Grundständige schmal oval bis oval, meist in den Stengel verschmälert, buchtig gezähnt bis ganzrandig (besonders gegen das Ende zu) und besonders am Rand mit einem dichten Haarkleid; stengelständige Blätter lanzettlich bis schmal oval, grob buchtig gezähnt, am Ende zugespitzt oder stumpf und meist sitzend.
Blütenstand: Am Ende des Stengels mit je einem bis 6 cm breiten Blütenkopf; Hüllblätter 20–30, grünlich und lanzettlich; Stengel hohl und behaart.
Blüten: Strahlenblüten (= Zungenblüten) weiblich und bis 20 mm lang; Röhrenblüten zwittrig, jeweils mit 5 verwachsenen Kronblättern, 5 Staubblättern und einem unterständigen Fruchtknoten.
Früchte: Achänen zylindrisch, bis 4 mm lang und mit rauhen Pappushaaren.
Standort: In der alpinen Stufe in Schutt- und Geröllhalden und auf Moränen auf feuchten, kalkarmen und lange mit Schnee bedeckten Grobschuttböden.

127 Alpen-Greiskraut, Alpen-Kreuzkraut – *Senecio alpinus* (L.) SCOP.
Merkmale: Im Juli und August blühend, 20–120 cm hoch und ausdauernd.
Laubblätter: Dreieckig oder eiförmig bis herzförmig, gestielt, am Spreitengrund oft breit herzförmig, am Ende stumpf, unregelmässig grob gezähnt und unterseits graufilzig behaart; Stengel meist zertreut behaart.
Blütenstand: Lang gestielte Köpfchen in einer scheindoldenartigen Rispe vereinigt; die bis 20 Hüllblätter am Grunde filzig behaart.
Blüten: Strahlenblüten (= Zungenblüten) weiblich, bis 15 mm lang und gelb; Röhrenblüten zwittrig, mit 5 verwachsenen Kronblättern, 5 Staubblättern und einem unterständigen Fruchtknoten
Früchte: Achänen 2–4 mm lang, kahl und mit einem 5 mm langen gelblichen Pappus.
Standort: Meist in der subalpinen Stufe besonders um Alphütten, entlang von Bächen, auf Alpweiden und in Hochstaudenfluren auf frischen bis feuchten, nährstoffreichen, meist kalkhaltigen und tiefgründigen Lehm- und Tonböden.

128 Gemswurz-Greiskraut, Gemswurz-Kreuzkraut – *Senecio doronicum* L.
Merkmale: Im Juli und August blühend, 20–60 cm hoch und ausdauernd.
Laubblätter: Lanzettlich bis schmal oval, besonders im unteren Teil des Haupttriebes in einen Stiel verschmälert, im oberen Bereich sitzend, den Trieb zum Teil umfassend, gezähnt, etwas lederig und unterseits graufilzig; Haupttrieb behaart und verzweigt.
Blütenstand: Am Ende des Stengels befinden sich 1–5 Blütenköpfe; ihre Hüllblätter sind filzig behaart und am Ende bärtig.
Blüten: Strahlenblüten (= Zungenblüten) weiblich, 15–20 mm lang und gold- oder orangegelb; Röhrenblüten zwittrig, mit 5 verwachsenen Kronblättern, 5 Staubblättern und einem unterständigen Fruchtknoten.
Früchte: Achänen 4–6 mm lang, zylindrisch, 10–12rippig und mit einreihigem Pappus.
Standort: In der subalpinen und alpinen Stufe in Wiesen, Kalkschutthalden und bei Zwergsträuchern auf frischen, kalkhaltigen und neutralen Böden.

129 Felsen-Greiskraut, Felsen-Kreuzkraut – *Senecio rupestris* W. ET K.

Merkmale: Von Juni bis September blühend, 20–50 cm hoch, meist 2jährig und meist unangenehm riechend.

Laubblätter: Lanzettlich bis schmal oval, jederseits tief fiederteilig, mit deutlich nach vorn gerichteten Abschnitten, sitzend und unterseits graugrün; Abschnitte gezähnt; an der Ansatzstelle den Stengel oft etwas umfassend.

Blütenstand: Köpfchen in unregelmässigen doldenartigen Rispen.

Blüten: Die 12–15 Strahlenblüten (= Zungenblüten) weiblich und bis 15 mm lang; Röhrenblüten zwittrig, mit 5 verwachsenen gelben Kronblättern und einem unterständigen Fruchtknoten.

Früchte: Achänen 2–3 mm lang und mit einem bis 6 mm langen Pappus.

Standort: In der montanen und subalpinen Stufe bei Schutt- und Lägerstellen, an steinigen Hängen, entlang von Wegen und um Alphütten auf frischen, mehr oder weniger nährstoff- und basenreichen, humosen oder rohen, oft kalkhaltigen Böden.

130 Ebereisblättriges Greis-oder Kreuzkraut – *Senecio abrotanifolius* L.

Merkmale: Von Juli bis September blühend, 10–40 cm hoch und ausdauernd.

Laubblätter: Schmal oval bis oval, bis zur Mittelader 1–2fach fiederteilig, im unteren Teil der Pflanze gestielt, im oberen Bereich sitzend, kahl oder kurz behaart; Abschnitte lanzettlich, ganzrandig oder auch gespalten.

Blütenstand: Einzelköpfchen seitenständig, lang gestielt, in den Achseln von Laubblättern und zu jeweils 2–8 in einer doldenartigen Rispe; Hüllblätter etwas bewimpert bis bärtig behaart.

Blüten: Strahlenblüten (= Zungenblüten) weiblich, 10–15 mm lang, am Ende abgerundet und dunkelgelb bis orangegelb gefärbt; Röhrenblüten zwittrig, mit 5 verwachsenen Staubblättern und einem unterständigen Fruchtknoten.

Früchte: Achänen 2–4 mm lang, 5–7rippig, kahl und mit einem gelblichen Pappus.

Standort: In der subalpinen und alpinen Stufe in Weiden und Trockenrasen auf mässig frischen, oftmals kalkarmen und etwas humosen Böden.

131 Graues Greiskraut, Graues Kreuzkraut – *Senecio incanus* ssp. *incanus* L.

Merkmale: Im Juli und August blühend, 5–15 cm hoch, ausdauernd und mit einem graufilzig behaarten Stengel versehen.

Laubblätter: Lanzettlich bis oval, bis nahe der Mittelader fiederteilig, in den breiten Stiel verschmälert und dicht grau- bis weissfilzig behaart; Abschnitte mit stumpfen Zähnen oder tief eingeschnitten und am Ende stumpf oder zugespitzt.

Blütenstand: Bis 15 Köpfchen am Ende der Stengel in einer doldenartigen Traube vereinigt.

Blüten: Die 3–8 Strahlenblüten (= Zungenblüten) weiblich und dunkelgelb bis orangegelb gefärbt; Röhrenblüten zwittrig, mit 5 verwachsenen Kronblättern, 5 Staubblättern und einem unterständigen Fruchtknoten.

Früchte: Achänen 2–4 mm lang, bis 9rippig und mit einem gelblichen Pappus versehen.

Standort: In der alpinen Stufe in steinigen Rasen und im Felsschutt auf mässig trockenen bis frischen, kalkarmen, humosen und lockeren Böden.

132 Grauzottiges Habichtskraut – *Hieracium piliferum* HOPPE AGG.

Merkmale: Im Juli und August blühend, 5–20 hoch, ausdauernd und mit deutlich behaarten Stengeln.

Laubblätter: Grundständige lanzettlich bis zungenförmig, ganzrandig, gewellt oder mit kleinen Zähnen, deutlich lang behaart und am Ende abgerundet oder stumpf; die 3–8 Stengelblätter weniger breit ausgebildet und sitzend.

Blütenstand: Meist einköpfig; Hüllblätter mit zahlreichen am Grunde dunklen Haaren.

Blüten: Alle zungenförmig und zwittrig; die 5 Kronblätter zu einer hell- bis mittelgelben Zunge verwachsen; Staubblätter 5; Fruchtknoten unterständig.

Früchte: Achänen 2–3 mm lang, dunkelbraun und mit gelblichem Pappus.

Standort: In der alpinen Stufe in Geröllhalden, Silikat-Magerrasen und auf Moränen auf frischen, basenreichen, kalkarmen, sauren, etwas humosen und steinigen Lehm- und Tonböden; bis an die nivale Grenze reichend.

133 Steifhaariges Milchkraut – *Leontodon hispidus* L. S.L.

Merkmale: Von Juni bis August blühend, 10–50 cm hoch, ausdauernd und mit knotigem Rhizom.
Laubblätter: Grundständige lanzettlich bis schmal oval, in den Stiel verschmälert, am Ende stumpf oder abgerundet, ganzrandig oder buchtig gezähnt und aufrecht oder dem Boden aufliegend; stengelständige nur schuppenförmig ausgebildet.
Blütenstand: Meist einköpfig; Hüllblätter kurz anliegend behaart, an der Spitze gekräuselt behaart.
Blüten: Alle strahlenförmig und zwittrig; die 5 Kronblätter zu einer hellgelben Zunge verwachsen; Staubblätter 5; Fruchtknoten unterständig, aus 2 Fruchtblättern verwachsen.
Früchte: Achänen bis 8 mm lang, bräunlich, undeutlich 12–18rippig, gegen das Ende zu verschmälert und mit einem gelblichweissen Pappus versehen; die Pappusborsten federig behaart.
Standort: Von der kollinen bis in die alpine Stufe in Wiesen, Weiden, lichten Wäldern, Halbtrockenrasen, Moor- und Nasswiesen und im Steinschutt auf frischen, mehr oder weniger nährstoff- und basenreichen, humosen Lehm- und Steinböden.

134 Zottiges Habichtskraut – *Hieracium villosum* L.

Merkmale: Im Juli und August blühend, 10–30 cm hoch, weiss behaart und ausdauernd.
Laubblätter: Grundständige lanzettlich bis schmal oval, gegen den Grund zu allmählich verschmälert, ungestielt oder in einen kurzen Stiel verschmälert, ganzrandig oder fein gezähnt und lang behaart; die 3–8 stengelständigen Blätter schmal oval, sitzend, den Stengel zum Teil umfassend, am Ende zugespitzt oder stumpf und dicht behaart.
Blütenstand: 2–4 Köpfchen am Ende der Stiele; äussere Hüllblätter lanzettlich, zugespitzt und abstehend; innere Hüllblätter linealisch, lang zugespitzt, oft dunkel gefärbt.
Blüten: Alle strahlenförmig und zwittrig; die 5 Kronblätter zu einer gelben Zunge verwachsen; Staubblätter 5; Fruchtknoten unterständig und aus 2 Fruchtblättern verwachsen.
Früchte: Achänen 3–4,5 mm lang, dunkelbraun, mit gelblichweissem Pappus.
Standort: In der subalpinen und alpinen Stufe in Wiesen, Weiden, sonnigen Steinrasen, an Felsbändern auf frischen, kalkreichen, lockeren, mittelgründigen und steinigen Lehm- und Tonböden.

135 Moris` Habichtskraut – *Hieracium pilosum* FROELICH

Merkmale: Im Juli und August blühend, 10–30 cm hoch, behaart und ausdauernd; Stengel nur unter dem Kopf mit Sternhaaren besetzt.
Laubblätter: Grundständige meist mit verschmälertem Grund sitzend oder kurz gestielt, schmal oval bis oval, ganzrandig oder fein gezähnt; die 3–6 stengelständigen oval, von der Mitte an langsam zugespitzt, meist breit buchtig gezähnt, sitzend, den Stengel oft teilweise umfassend und behaart.
Blütenstand: 1 bis mehrköpfig; alle Hüllblätter gleich gestaltet, lineal lanzettlich, nicht verbreitert, behaart; die äusseren Hüllblätter anliegend.
Blüten: Alle strahlenförmig und zwittrig; die 5 Kronblätter zu einer gelben Zunge verwachsen; Staubblätter 5, Fruchtknoten unterständig und aus 2 Fruchtblättern verwachsen.
Früchte: Achänen 2,5–4 mm lang, braun gefärbt, mit gelblichem Pappus.
Standort: In der subalpinen und alpinen Stufe in steinigen Wiesen, Weiden, Rasen, Felsen auf steinigen, kalkreichen und lockeren Böden; sonnige Lagen bevorzugend.

136 Wald-Habichtskraut – *Hieracium murorum* L.

Merkmale: Von Mai bis September blühend, 20–35 cm hoch, ausdauernd, mit behaarten Stengeln.
Laubblätter: Grundständige schmal oval bis oval, lang gestielt, am Spreitengrund herzförmig, gestutzt oder abgerundet, besonders im unteren Teil buchtig gezähnt, am Ende zugespitzt oder stumpf, behaart, gelegentlich dunkel gefleckt; meist nur 1 Stengelblatt vorhanden.
Blütenstand: Köpfchen in einer bis 15blütigen Rispe vereinigt; Hüllblätter lanzettlich, zugespitzt, mit zahlreichen dunklen Drüsenhaaren und zusätzlich längeren einfachen Haaren besetzt.
Blüten: Alle strahlenförmig und zwittrig; 5 Kronblätter zu einer hellgelben Zunge verwachsen; Staubblätter 5; Fruchtknoten unterständig und aus 2 Fruchtblättern verwachsen.
Früchte: Achänen 3–4 mm lang, schwarz und mit gelblichweissem Pappus.
Standort: Von der kollinen bis in die subalpine Stufe in lichten und grasreichen Laub- und Nadelwäldern, Waldwiesen, an schattigen Felsen, Mauern, im Geröll und entlang von Waldwegen auf frischen, mässig nährstoff- und basenreichen und steinigen Lehm- und Tonböden.

137 Berg-Pippau – *Crepis bocconei* SELL.
Merkmale: Im Juli und August blühend, 25–50 cm hoch und ausdauernd.
Laubblätter: Breit lanzettlich bis schmal oval, im unteren Teil der Pflanze in den kurzen Stiel verschmälert, im oberen Bereich sitzend und den Stengel mit abgerundetem Grund meist etwas umfassend, entfernt und spitz gezähnt, am Ende zugespitzt und besonders unterseits den Adern entlang häufig behaart.
Blütenstand: Einköpfig; Hüllblätter lanzettlich, bis 20 mm lang und behaart.
Blüten: Alle strahlenförmig und zwittrig; 5 Kronblätter zu einer mittelgelben Zunge verwachsen; Staubblätter 5; Fruchtknoten unterständig und aus 2 verwachsenen Fruchtblättern bestehend.
Früchte: Achänen bis 12 mm lang, mit 17 ungleichen Rippen und mit gelblichem Pappus.
Standort: In der subalpinen Stufe in sonnigen Wildgrashalden auf frischen, sommerwarmen, basenreichen, meist kalkhaltigen, humosen und steinigen oder reinen Lehm- und Tonböden; Pflanze mit langer Pfahlwurzel.

138 Einköpfiges Ferkelkraut – *Hypochaeris uniflora* VILL.
Merkmale: Im Juli und August blühend, 15–50 cm hoch und ausdauernd.
Laubblätter: Lanzettlich bis oval, sitzend, am Ende stumpf oder abgerundet, mit entfernt liegenden spitzen Zähnen, nicht gefleckt und beiderseits steif rauhhaarig.
Blütenstand: Am Ende des oben deutlich verdickten Stengels ein vielblütiges Köpfchen; Hüllblätter schwarz und weiss behaart.
Blüten: Alle strahlenförmig und zwittrig; die 5 Kronblätter zu einer hell- bis mittelgelben Zunge verwachsen; Staubblätter 5; Fruchtknoten unterständig und aus 2 verwachsenen Fruchtblättern bestehend.
Früchte: Achänen mit dem Schnabel bis 20 mm lang, braun gefärbt und mit einem Pappus versehen.
Standort: In der subalpinen und alpinen Stufe in sonnigen Silikat-Magerrasen, Wiesen, Borstgrasweiden auf frischen, basenreichen, kalkfreien, sauren, humosen und meist mittelgründigen Lehm- und Tonböden.

139 Stengelumfassendes Habichtskraut – *Hieracium amplexicaule* L.
Merkmale: Von Juni bis August blühend, 10–40 cm hoch, ausdauernd und bereits im unteren Drittel verzweigt.
Laubblätter: Grundständige lanzettlich bis oval, meist in einen geflügelten Stiel verschmälert, zugespitzt oder stumpf, gezähnt, oft etwas behaart und durch Drüsenhaare etwas kleberig; Stengelblätter den Stengel zum Teil umfassend.
Blütenstand: Bis 12köpfig; Hüllblätter mit Drüsenhaaren besetzt und am Ende bärtig behaart.
Blüten: Alle zungenförmig und zwittrig; die 5 Kronblätter zu einer mittelgelben Zunge verwachsen; Staubblätter 5; Fruchtknoten unterständig und aus 2 verwachsenen Fruchtblättern bestehend.
Früchte: Achänen 3–4 mm lang, schwarz und mit gelblichweissem Pappus.
Standort: In der montanen und subalpinen Stufe in Fels- und Mauerspalten, im Geröll und an steinigen Hängen auf mässig trockenen bis mässig frischen, kalkarmen oder auch kalkreichen und steinigen Böden.

140 Pyrenäen Pippau – *Crepis pyrenaica* (L.) GREUT.
Merkmale: Von Juni bis August blühend, 20–50 cm hoch und ausdauernd.
Laubblätter: Grundständige zur Blütezeit verdorrt; stengelständige Blätter lanzettlich bis schmal oval, sitzend, den Stengel mit 2 langen Zähnen umfassend, am Ende zugespitzt und unregelmässig buchtig gezähnt.
Blütenstand: 2–8köpfig; Hüllblätter 10–15 mm lang und gelblich bis schwarz behaart.
Blüten: Alle zungenförmig und zwittrig; die 5 Kronblätter zu einer gelben Zunge verwachsen und im äusseren Teil des Kopfes bis 25 mm lang; Kronblätter kahl; Staubblätter 5; Fruchtknoten unterständig und aus 2 Fruchtblättern zusammengesetzt.
Früchte: Achänen 5–8 mm lang, bis 20rippig und mit weissem Pappus.
Standort: In der subalpinen Stufe in Hochstaudenfluren, Wildgrashalden und Mähwiesen auf frischen bis feuchten, meist kalkhaltigen, humosen, lockeren, nährstoff- und basenreichen, steinigen oder reinen Lehm- und Tonböden.

141 Niedriges Habichtskraut – *Hieracium humile* JACQ.
Merkmale: Von Juni bis August blühend, 10–30 cm hoch, ausdauernd und bereits unterhalb der Mitte gabelig verzweigt.
Laubblätter: Grundständige lanzettlich bis oval, sehr schmal in den Stiel verschmälert, am Ende meist zugespitzt und unregelmässig grob gezähnt; stengelständige Blätter ebenfalls lanzettlich bis schmal oval, gegen den Grund zu verschmälert und sitzend.
Blütenstand: 2–8köpfig; Hüllblätter lanzettlich, 10–15 mm lang, mit einzelnen Drüsenhaaren und mit bis 2 mm langen, einfachen Haaren besetzt; Sternhaare meist nicht vorhanden.
Blüten: Alle strahlenförmig und zwittrig; die 5 Kronblätter zu einer hell- bis mittelgelben Zunge verwachsen; Staubblätter 5; Fruchtknoten unterständig und aus 2 Fruchtblättern bestehend.
Früchte: Achänen 3–4 mm lang, dunkelbraun bis schwarz, mit gelblichweissem Pappus.
Standort: In der montanen und subalpinen Stufe in steinigen Hängen, Felsspalten und im Geröll auf mässig trockenen bis frischen, meist kalkhaltigen, basenreichen und steinigen Böden; Spaltenwurzler.

142 Wiesen-Löwenzahn – *Taraxacum officinale* WEBER s. L.
Merkmale: Von April bis Oktober blühend, 5–30 cm hoch und ausdauernd.
Laubblätter: Vielgestaltig; normalerweise lanzettlich, meist bis zur Mittelader geteilt, mit dreieckigen, oft gezähnten Seitenabschnitten und einem grossen Endabschnitt, gestielt und kahl; am Grunde der Blattrosette behaart.
Blütenstand: Am Ende eines hohlen und dünnwandigen Stengels ein Köpfchen; äussere Hüllblätter schmal lanzettlich, während der Blütezeit abstehend oder nach unten gebogen und ohne hellen Rand; innere Hüllblätter lanzettlich und länger als die äusseren.
Blüten: Alle strahlenförmig und zwittrig; die 5 Kronblätter zu einer gelben Zunge verwachsen; Kronröhre kahl; Staubblätter 5; Fruchtknoten unterständig und aus 2 Fruchtblättern bestehend.
Früchte: Mit einem "gestielten" Fallschirm versehene Achänen.
Standort: Bis in die subalpine Stufe in Wiesen, Weiden, Äckern, entlang von Wegen, auf Schuttplätzen und bei Unkrautfluren auf frischen bis feuchten, nährstoffreichen und neutralen Böden.

143 Hainlattich – *Aposeris foetida* (L.) LESSING
Merkmale: Im Juni und Juli blühend, 5–25 cm hoch, ausdauernd und oben mit mehligem Überzug.
Laubblätter: Lanzettlich, bis nahe zur Mittelader oder bis zu ihr fiederteilig, mit grossem, gezähntem Endabschnitt und mit gegen den Stiel zu immer kleiner werdenden seitlichen Abschnitten.
Blütenstand: Einzelköpfchen am Ende der Stengel; äussere Hüllblätter lanzettlich, 1–2 mm lang und am Grunde etwas behaart; innere Hüllblätter lanzettlich, 5–10 mm lang, am Grunde etwas kraus behaart und etwas mehlig bestäubt; Boden des Blütenkopfes kahl.
Blüten: Alle strahlenförmig und zwittrig; die 5 Kronblätter zu einer gelben Zunge verwachsen und 15–20 mm lang; Staubblätter 5; Fruchtknoten unterständig und aus 2 Fruchtblättern bestehend.
Früchte: Achänen eiförmig, 3–5 mm lang, dicht behaart, ohne Schnabel und ohne Pappushaare.
Standort: In der montanen und subalpinen Stufe in schattigen Weiden, lichten Bergwäldern auf mässig frischen bis mässig feuchten, nährstoff- und basenreichen, meist kalkhaltigen, neutralen, humosen und lockeren Böden; Achänen werden durch Ameisen verbreitet.

144 Echte Edelraute – *Artemisia umbelliformis* LAM., *A. mutellina* VILL.
Merkmale: Im Juli und August blühend; 5–20 cm hohe Hochgebirgspflanze mit meist unverzweigtem, aufsteigendem oder aufrechtem und seidig filzig behaartem Stengel.
Laubblätter: Länglich bis oval, untere und mittlere handförmig geteilt, mit 1–2mal geteilten Abschnitten, unterseits grau, oberseits grauhaarig.
Blütenstand: Köpfchen eiförmig, 3–5 mm breit, entlang des Stengels unregelmässig verteilt, etwa 5–20blütig und in traubig rispigen Blütenständen vereinigt; untere Köpfchen gestielt, obere sitzend und meist gehäuft; Boden des Blütenkopfes kurz behaart.
Blüten: Alle Blüten röhrenförmig (ohne Zungenblüten); Kronblätter gelb; innere Hüllblätter mit braunem Hautrand.
Früchte: Achänen zylindrisch bis eiförmig und ohne Pappus.
Standort: In der alpinen Stufe (seltener subalpin) an exponierten (Wind, Sonne, Kälte) Gratlagen, im Felsschutt, in steinigen Rasen auf meist kalkarmem, aber basenreichem Gestein.

145 Weissliches Habichtskraut – *Hieracium intybaceum* ALL.
Merkmale: Im Juli und August blühend, 5–30 cm hoch, ausdauernd und einfach oder auch gabelig verzweigt.
Laubblätter: Schmal lanzettlich bis lanzettlich, an der Basis oft den Stengel umfassend, zugespitzt, unregelmässig gezähnt, durch zahlreiche Drüsenhaare klebrig und nur stengelständig.
Blütenstand: Bis 6köpfig; Hüllblätter schmal lanzettlich, zugespitzt und mit zahlreichen Drüsenhaaren; Leisten auf dem Blütenkopfboden bewimpert.
Blüten: Alle strahlenförmig und zwittrig; die 5 Kronblätter zu einer gelblichweissen Zunge verwachsen; Staubblätter 5; Fruchtknoten unterständig und aus 2 Fruchtblättern bestehend.
Früchte: Achänen 3–4 mm lang, dunkelbraun und mit gelblichweissem Pappus.
Standort: In der subalpinen und alpinen Stufe verbreitet in Rasen, Zwergstrauchheiden, im Geröll und an sonnigen Felsen auf mässig trockenen bis frischen, kalkarmen, silikatreichen, lockeren und steinigen Böden; besonders in den Zentral- und Südalpen.

146 Alpen-Löwenzahn, Berg-Milchkraut – *Leontodon montanus* LAM.
Merkmale: Im Juli und August blühend, 5–10 cm hoch, ausdauernd und mit einem dicken, knotigen und kurzen Rhizom versehen.
Laubblätter: Grundständige lanzettlich, beinahe bis zur Mittelader eingeschnitten oder nur entfernt gesägt und unterseits oft etwas behaart.
Blütenstand: Blüten in einem endständigen Köpfchen vereinigt; Hüllblätter bis 15 mm lang, zugespitzt, dicht und dunkel behaart.
Blüten: Alle Blüten zungenförmig und gelb; Zunge aus 5 verwachsenen Kronblättern bestehend; Staubblätter 5; Fruchtknoten unterständig und aus 2 Fruchtblättern bestehend.
Früchte: Achänen mit weissem Pappus.
Standort: In der alpinen Stufe im Felsschutt auf frischen bis mässig feuchten, basenreichen, meist kalkhaltigen, rohen, lockeren, auch bewegten und lange mit Schnee bedeckten Kalk- und Kalkschieferböden.

147 Zwerg-Pippau – *Crepis pygmaea* L.
Merkmale: Im Juli und Juli blühend, 5–15 cm hoch, ausdauernd, mit kurzem Rhizom und meist bogig aufsteigend.
Laubblätter: 3–8 cm lang, lanzettlich bis oval, fiederteilig, mit grossem Endabschnitt, oft weissfilzig, dunkelgrün bis blaugrün gefärbt und mit geflügeltem Stiel; die unteren ungeteilt, mit herzförmiger Spreite, buchtig gezähnt und auch mit geflügeltem Stiel.
Blütenstand: Blütenköpfe mit weissfilzig behaarten Stielen; Hüllblätter bis 15 mm lang, weissfilzig, dunkelgrün bis schwärzlich und meist etwas weiss berandet.
Blüten: Nur Zungenblüten vorhanden; Kronblättern 5, verwachsen, bis 15 mm lang und aussen oft etwas rötlich; Staubblätter 5; Fruchtknoten unterständig und aus 2 Fruchtblättern bestehend.
Früchte: Achänen bis 6 mm lang, bis 25rippig und mit weisslichem Pappus.
Standort: In der alpinen Stufe (seltener subalpin) auf mässig frischen bis feuchten, meist ruhenden und kalkreichen Schuttböden.

148 Ysopblättriges Gliedkraut – *Sideritis hyssopifolia* L.
Merkmale: Von Juli bis September blühend, 10–30 cm hoch, mit unterirdischen Trieben und an der Basis verholzt.
Laubblätter: Lanzettlich bis oval, im oberen Bereich am breitesten, ganzrandig und mit einzelnen groben Zähnen, am Ende abgerundet, zertreut behaart, gegenständig angeordnet und nur im unteren Teil der Pflanze kurz gestielt.
Blütenstand: Scheinähre mit zahlreichen bis 6blütigen und quirligen Teilblütenständen.
Blüten: Kelchblätter 5, verwachsen und mit stachelig begrannten Zähnen; Kronblätter 5, verwachsen, in Ober- und Unterlippe gegliedert, hellgelb und 6–10 mm lang; Oberlippe im oberen Teil meist etwas gebogen; Staubblätter 4, nicht aus der Kronröhre herausragend; Fruchtknoten oberständig.
Früchte: Teilfrüchte eiförmig, jeweils bis 2 mm lang und glatt.
Standort: In der subalpinen Stufe (seltener alpin) in Kalkfelsen und an felsigen Hängen auf trockenen Böden.

149 Wald-Wachtelweizen – *Melampyrum sylvaticum* L.

Merkmale: Von Juni bis September blühend, 5–25 cm hoch, 1jährig; Stengel vierkantig.
Laubblätter: Schmal linealisch, oft kurz gestielt, gegen das Ende zu langsam zugespitzt, ganzrandig, zerstreut behaart oder kahl, meist gegenständig angeordnet; im Blütenstand Blätter kleiner.
Blütenstand: Blüten einzeln in den Achseln der oberen Stengelblätter; Blüten einseitswendig.
Blüten: Kelch vierteilig, 6–12 mm lang, so lang oder länger als die Kronblätter und hellgrün gefärbt; Kronblätter 5, zweilippig gestaltet, gelb gefärbt und mit gekrümmter Kronröhre; diese besitzt keinen Haarring; Unterlippe am Grunde mit zwei nach oben gerichteten Höckern; Staubblätter 4, in der Oberlippe eingeschlossen; Fruchtknoten oberständig und aus 2 Fruchtblättern bestehend.
Früchte: Kapseln, die durch Ameisen verbreitet werden.
Standort: In der montanen und subalpinen Stufe verbreitet in lichten Wäldern, Gebüschen, Weiden, Fichten- und Fichten-Tannenwäldern und Zwergstrauchbeständen auf mehr oder weniger frischen, basenreichen, kalkarmen und sauren Böden.

150 Blassgelbe Betonie – *Stachys alopecuros* (L.) BENTH.

Merkmale: Von Juni bis August blühend, 20–50 cm hoch, ausdauernd; Rhizom knollig.
Laubblätter: Breit oval bis herzförmig, gestielt, am Spreitengrund herzförmig, ohne Stiel 3–7 cm lang, grob spitz oder stumpf gezähnt und behaart.
Blütenstand: Mehrere bis 14blütige Teilblütenstände ähren- oder kopfförmig am Ende der Stengel.
Blüten: Kelchblätter 5, verwachsen, 6–10 mm lang, behaart und mit borstig begrannten Zähnen; Kronblätter 5, verwachsen, bis 15 mm lang, blassgelb gefärbt, mit zweiteiliger Oberlippe und dreiteiliger Unterlippe; Staubblätter 4; Fruchtknoten oberständig und aus 2 Fruchtblättern zusammengesetzt.
Früchte: Teilfrüchte bis 2,5 mm lang und glatt.
Standort: In der montanen und subalpinen Stufe in Schutthalden, lichten Wäldern, Wiesen und steinigen Hängen auf frischen bis ziemlich feuchten, meist kalkreichen, mehr oder weniger humosen und lockeren Lehm- und Tonböden; formenreiche Art.

151 Berg-Goldnessel – *Lamium galeobdolon* ssp. *montanum* (PERS.) HAYEK

Merkmale: Von Mai bis Juli blühend, 30–50 cm hoch; zur Blütezeit und später Ausläufer treibend.
Laubblätter: Oberste schmal- bis eilanzettlich, gestielt, am Ende zugespitzt, mit scharf zugespitzten Zähnen und gegenständig angeordnet; diejenigen der Ausläufer breit lanzettlich, meist mit langer Spitze und ab und zu weiss gefleckt.
Blütenstand: Zahlreiche übereinander liegende 8–16blütige Quirlen im obersten Teil des Stengels.
Blüten: Sitzend; Kelchblätter 5, verwachsen, mit lang zugespitzten nicht stechenden Zähnen; Kronblätter 5, verwachsen und gelb; Oberlippe gebogen, ganzrandig, aus 2 Kronblättern bestehend und aussen behaart; Unterlippe deutlich 3teilig und Mittelabschnitt grösser als die zugespitzten seitlichen Abschnitte; Mittelabschnitt mit braunroten Flecken; Staubblätter 4; Fruchtknoten oberständig.
Früchte: Die 4 Zerfallfrüchte bis 3 mm lang und jeweils kahl.
Standort: Von der kollinen bis in die subalpine Stufe in feuchten Laubmisch- und Buchenwäldern und Hecken auf frischen bis feuchten, nährstoffreichen, humosen und lockeren Böden.

152 Schmalblättriger Klappertopf – *Rhinanthus glacialis* PERSONN.

Merkmale: Von Juni bis September blühend, 10–50 cm hoch; Stengel einfach oder verzweigt, oft rötlichbraun gestrichelt, kahl oder nur sehr spärlich behaart und vierkantig.
Laubblätter: Länglich lanzettlich, kahl oder spärlich behaart und regelmässig gezähnt.
Blütenstand: Blüten einzeln in den Achseln der oberen Stengelblätter (= Tragblätter), sitzend oder kurz gestielt; Zähne am Grunde der Tragblätter mit bis 3 mm langer Granne.
Blüten: Kelch 4zähnig, seitlich abgeflacht, bauchig, zur Fruchtzeit vergrössert; Krone 13–20 mm lang, mit langer Röhre, zweilippigem Rand, hellgelb und oft violett gesprenkelt; Schlund offen; Zähne der Oberlippe 1–2 mm lang; Staubblätter 4, in Oberlippe eingeschlossen; Fruchtknoten oberständig.
Früchte: 2klappig aufspringende Kapseln.
Standort: In der subalpinen und alpinen Stufe in sonnigen Lagen in trockenen Bergwiesen, Weiden, Mager- und Halbtrockenrasen, im Felsschutt auf trockenen bis mässig frischen, basenreichen, steinigen oder reinen Lehmböden; auch im Geröll als Pionierpflanze; Wind- und Ameisenverbreitung.

153 Zottiger Klappertopf – *Rhinanthus alectorolophus* POLLICH
Merkmale: Von Mai bis August blühend, 10–50 cm hoch und meist verzweigt.
Laubblätter: 2–6 cm lang, lanzettlich bis schmal dreieckig, regelmässig gezähnt, behaart und gegenständig angeordnet.
Blütenstand: Blüten einzeln in den Achseln der oberen Stengelblätter.
Blüten: Kelchblätter verwachsen, bauchig, seitlich abgeflacht, vierzähnig und anliegend behaart; Kronblätter 15–25 mm lang, verwachsen, mit langer Röhre und zweilippig; Kronröhre leicht nach oben gebogen; Oberlippe helmförmig und mit einem meist violetten Zahn; Unterlippe dreiteilig; Staubblätter 4; Fruchtknoten oberständig.
Früchte: Zweiklappig aufspringende Kapseln.
Standort: Von der kollinen bis in die subalpine Stufe in Wiesen, Weiden auf eher feuchten, kalkhaltigen, nährstoff- und basenreichen, neutralen und humosen Lehmböden; eine formenreiche Sippe; guter Lehmzeiger.

154 Zwerg-Augentrost – *Euphrasia minima* SCHLEICHER
Merkmale: Von Juli bis September blühend, 2–10 cm hoch und einjährig.
Laubblätter: 1–2 cm lang, rundlich, behaart, jederseits mit 2–4 stumpfen oder fein zugespitzten, aber nicht begrannten Zähnen, meist ungestielt und besonders im unteren Bereich der Pflanze gegenständig angeordnet.
Blütenstand: Blüten in den Achseln der oberen Stengelblätter.
Blüten: Kelchblätter 4, verwachsen, 3–5 mm lang, mit kurzen Drüsenhaaren und 4 zugespitzten Zähnen; Kronblätter 4, bis 8 mm lang, zu einer Röhre verwachsen, mit einer gelblichen, rötlichen oder bläulichen Oberlippe und einer weisslich oder lilafarbenen Unterlippe; Staubblätter 4; Fruchtknoten oberständig.
Früchte: Zweiklappig aufspringende Kapseln.
Standort: In der subalpinen und alpinen Stufe in Magerrasen auf frischen, kalkarmen, silikathaltigen, sauren und humosen Lehmböden; eine vielgestaltige Gebirgspflanze.

155 Alpen-Wundklee – *Anthyllis vulneraria* ssp. *alpestris* (SCHULT.) A. ET. G.
Merkmale: Von Juni bis August blühend, 10–30 cm hoch und oft nur 2jährig.
Laubblätter: Unpaarig gefiedert mit 1–5 Blattpaaren; Endfiederblatt grösser als die seitlichen Teilblätter; selten nur einfache Blätter.
Blütenstand: Dichte kopfartige Blütenstände.
Blüten: Fast ungestielt; Kelch meistens bauchig erweitert, anliegend bis abstehend behaart, weisslich bis hellgelb gefärbt und mit 5 kurzen Zähnen; Kronblätter hell- bis goldgelb, gelegentlich rot überlaufen und in Schiffchen, Fahne und 2 Flügel gegliedert; Staubblätter 10; Fruchtknoten oberständig angeordnet.
Früchte: Meist einsamige Nüsschen.
Standort: Von der montanen bis in die alpine Stufe zerstreut in Wiesen, Weiden, auf Alluvionen und an Grashängen auf mehrheitlich trockenen, steinigen, basenreichen und kalkhaltigen Böden; auch Rohbodenpionier; Tiefwurzler und damit Bodenfestiger.

156 Alpen-Hornklee – *Lotus alpinus* (DC.) RAMOND
Merkmale: Von Juni bis August blühend, 3–10 cm hoch und mit niederliegenden bis aufsteigenden Stengeln.
Laubblätter: Unpaarig gefiedert; die 5 Teilblätter breit lanzettlich bis verkehrt eiförmig, am Ende zugespitzt, stumpf, abgerundet oder ausgerandet, ganzrandig und deutlich behaart; die 2 untersten Teilblätter dem Blattgrund anliegend.
Blütenstand: Am Ende der Zweige jeweils 1–3 Blüten.
Blüten: Geruchlos und 14–18 mm lang; Kelchblätter 5; Kronblätter oft rot überlaufen und nach dem Verblühen oft orange gefärbt; Schiffchenspitze bräunlich bis rot; Staubblätter 10; Fruchtknoten oberständig angeordnet.
Früchte: Hülsen
Standort: In der subalpinen und alpinen Stufe in steinigen Weiden, Rasen, Schutthalden, Schneetälchen und auf Alluvionen auf basenreichen Lehmböden oder auch steinigen Böden.

157 Gelber Eisenhut – *Aconitum vulparia* RCHB. AGG.
Merkmale: Von Juni bis August blühend, 30–80 cm hoch, ausdauernd; mit rübenförmiger Wurzel.
Laubblätter: Grundständige bis 15 cm im Durchmesser, tief 5–7spaltig, unterseits auf den Adern zerstreut behaart; Abschnitte rauten- bis keilförmig, meist 3spaltig und mit zugespitzten oder stumpfen Zähnen; die 1–3 Stengelblätter mit den Grundständigen übereinstimmend.
Blütenstand: Meist verzweigt, mit bogig aufgerichteter und lockerblütiger Traube.
Blüten: Zygomorph, gestielt, schwach behaart, mit 5 Perigonblättern und hellgelb gefärbt; oberstes Perigonblatt als Helm ausgebildet, der in der Mitte am kleinsten ist; übrige Perigonblätter rundlich bis oval; Honigblätter 2; Staubblätter zahlreich; 3–5 Fruchtknoten; Hummelblume.
Früchte: Mehrsamige Balgfrüchte.
Standort: In der montanen und subalpinen Stufe in Bergwäldern, Hochstaudenfluren, staudenreichen Auenwäldern und feuchten Laubmischwäldern auf kühlen, frischen bis nassen, nährstoff- und basenreichen, mässig sauren, humosen und lockeren Lehm- und Tonböden; Schattenpflanze.

158 Klebrige Salbei – *Salvia glutinosa* L.
Merkmale: Von Juli bis September blühend, 30–120 cm hoch, meist aufrecht wachsend, ausdauernd, mit kurzem und dickem Rhizom und besonders im Blütenbereich drüsig klebrig.
Laubblätter: Schmal herz- bis spiessförmig, lang gestielt, zugespitzt, unregelmässig grob gezähnt, am Grunde mit seitlich abstehenden Zipfeln.
Blütenstand: Blüten in locker stehenden quirlartigen Teilblütenständen am Ende der Triebe.
Blüten: Kelch eng glockenförmig, bis 14 mm lang und klebrig drüsig behaart; Krone 3–4 cm lang, hellgelb gefärbt, innen braunviolett gestreift und mit wenig tief 2teiliger Oberlippe; Staubblätter 2 (die beiden hinteren verkümmert oder kaum sichtbar); Fruchtknoten oberständig.
Früchte: Teilfrüchte etwa 3 mm lang.
Standort: Von der kollinen bis in die subalpine Stufe in krautreichen Bergwäldern, in Schlucht- und Auenwäldern, Hochstaudenfluren, entlang von schattigen Waldrändern auf sickerfeuchten, nährstoff- und basenreichen, humosen, lockeren, vorzugsweise steinigen Lehm- und Tonböden; Hummelblume.

159 Gelbe Berg-Platterbse – *Lathyrus occidentalis* FRITSCH
Merkmale: Im Juni und Juli blühend, 20–60 cm hoch, aufrecht, kahl oder zerstreut behaart und mit einem ungeflügelten Stengel.
Laubblätter: Elliptisch bis eiförmig, kurz gestielt, mit 4–5 Fiederpaaren und einer grannenartigen Spitze; Teilblätter elliptisch, zugespitzt, 3–7 cm lang.
Blütenstand: Eine lang gestielte und 3–12blütige Traube.
Blüten: Kelch zerstreut behaart mit ungleich langen Zähnen; Kelchzähne auch innen behaart und mit kleinen dunklen Drüsenhaaren; Krone zuerst gelblich, sich später bräunlich verfärbend, bis 2,5 cm lang; Kronröhre wollig behaart.
Früchte: Hülsen flach, kahl, 5–7 cm lang und 6–12samig.
Standort: In der montanen und subalpinen Stufe (seltener alpin) in Bergwiesen, Wildheuplanken, felsigen Hängen, Hochstaudenfluren auf frischen, mehr oder weniger nährstoff- und basenreichen, lockeren Lehm- und Mergelböden; auch auf Kalkböden; Hummelblume.

160 Alpenlinse – *Astragalus penduliflorus* LAM.
Merkmale: Im Juli und August blühend, 20–80 cm hoch, aufrecht oder aufsteigend wachsend, ästig und behaart.
Laubblätter: Unpaarig gefiedert mit 7–11 Fiederpaaren; Fiederblätter bis 2 cm lang, am Ende stumpf oder zugespitzt, oberseits kahl und unterseits zerstreut behaart; Nebenblätter klein, nur bis zu 1 cm lang.
Blütenstand: Kurze Traube.
Blüten: Bis 1 cm lang, abstehend oder nickend, zu bis 20 an langen Stielen; Kelch bis 7 mm lang und mit kurzen anliegend dunklen Haaren besetzt; Krone lebhaft gelb.
Früchte: Hülsen blasig erweitert, nickend, 2–3 cm lang.
Standort: In der subalpinen Stufe (seltener alpin) in Wildheuplanken, Steinrasen auf mässig trokkenen bis frischen, basenreichen, lockeren, neutralen, humosen, steinigen, meist kalkarmen Lehm- und Tonböden; auch in Lärchenwäldern.

161 Braun-Klee – *Trifolium badium* SCHREBER
Merkmale: Im Juli und August blühend, 10–20 cm hoch und ausdauernd.
Laubblätter: Die 3 Teilblätter schmal oval bis oval, mit der grössten Breite in der Mitte, meist kahl, fein gezähnelt, 1–2 cm lang und am Ende meist abgerundet.
Blütenstand: 20–50blütige und kopfartige Traube am Ende der Stengel oder in den Achseln der obersten Stengelblätter.
Blüten: Kelchzipfel 5; Kelchblätter schmal dreieckig, kahl oder mit einzelnen Wimpernhaaren; Kronblätter goldgelb, 5–9 mm lang und nach dem Verblühen dunkelbraun; Fahne 2–3mal so lang wie das Schiffchen; Staubblätter 10; Fruchtknoten oberständig.
Früchte: Einsamige Nüsschen.
Standort: In der subalpinen Stufe in Wiesen, Weiden, Schneetälchen, bei Quellfluren und an Lägerstellen auf frischen bis feuchten, nährstoff- und basenreichen, humosen, meist etwas dichten Lehm- und Tonböden; eine gute und wertvolle Futterpflanze.

162 Alpen-Spitzkiel – *Oxytropis campestris* (L.) DC S.L.
Merkmale: Von Juni bis August blühend, 5–15 cm hoch und drüsenlos.
Laubblätter: Unpaarig gefiedert, gestielt und mit 10–15 Paaren von Fiederblättern; diese sind zwischen 5 und 15 mm lang, lanzettlich, meist zugespitzt und oft zerstreut behaart.
Blütenstand: Aufrechte und lang gestielte Traube mit 8–18 Blüten.
Blüten: Kelchblätter 5, verwachsen und mit schwarzen und weissen Haaren; Kelchzähne meist dunkler gefärbt; Krone 15–20 mm lang, gelblichweiss gefärbt und auch bläulich bis violett überlaufen; Schiffchen vorn mit einer deutlich aufgesetzten Spitze und beiderseits mit zwei schwarzvioletten Flecken versehen; Staubblätter 10; Fruchtknoten oberständig.
Früchte: Hülsen 1–2 cm lang, blasenartig erweitert und zum Teil dunkel behaart.
Standort: In der alpinen Stufe in Wiesen, Weiden, mageren Steinrasen, an Windecken auf mässig trockenen, humosen, mehr oder weniger flachgründigen, lehmigen und oft entkalkten Steinböden; Pflanze mit hohem Futterwert.

163 Blattreiches Läusekraut – *Pedicularis foliosa* L.
Merkmale: Im Juni und Juli blühend, 15–50 cm hoch und ausdauernd.
Laubblätter: Bis zur Mittelader fiederteilig, 10–25 cm lang, bis 8 cm breit, kahl oder unterseits zerstreut behaart, im Blütenstand länger als die Blüten und mit behaartem Blattstiel; Fiederblätter ebenfalls tief fiederteilig.
Blütenstand: Dichtblütige Traube.
Blüten: Kelchblätter 5, verwachsen, 8–10 mm lang, behaart und mit ganzrandigen Zähnen; Krone jeweils 20–30 mm lang, hell- bis schwefelgelb, mit dreiteiliger und stark abstehender Unterlippe und einer leicht gewölbten Oberlippe; die 4 Staubblätter von der Oberlippe eingeschlossen; Fruchtknoten oberständig.
Früchte: Kapseln eiförmig, mit schief aufgesetzter Spitze und einseitig aufspringend.
Standort: Von der montanen bis in die alpine Stufe in grasigen Berghängen und Hochstaudenfluren auf frischen, basenreichen und kalkhaltigen Lehm- und Tonböden.

164 Knolliges Läusekraut – *Pedicularis tuberosa* L.
Merkmale: Von Juni bis August blühend und 10–20 cm hoch; Stengel aufsteigend.
Laubblätter: 3–15 cm lang, lanzettlich bis schmal oval und bis zur Mittelader fiederteilig; Fiederblätter ebenfalls tief fiederteilig und mit fein gezähnten Zipfeln; Blätter im Blütenstand kürzer als die Blüten.
Blütenstand: Kurze Traube, die zu Beginn der Blütezeit so dick wie lang ist.
Blüten: Bis 90 Grad um ihre Achse gedreht; Kelchblätter 5, verwachsen, 6–10 mm lang, mit fein gezähnten Zipfeln und ausserseits etwas behaart; Krone 15–20 mm lang und hellgelb; Oberlippe ohne Zähne und in einen langen Schnabel verschmälert; die 4 Staubblätter von der Oberlippe eingeschlossen; Fruchtknoten oberständig.
Früchte: Kapseln.
Standort: In der subalpinen und alpinen Stufe in Wiesen und Weiden auf trockenen, humosen, kalkarmen und sauren Lehmböden.

165 Türkenbund – *Lilium martagon* L.
Merkmale: Im Juni und Juli blühend, 20–90 cm hoch, ausdauernd und mit Zwiebeln.
Laubblätter: 4–15 cm lang, bis 4 cm breit, schmal oval, in der Mitte am breitesten, sitzend, zugespitzt und zu 4–8 quirlständig zusammengedrängt; im oberen Teil der Pflanze wechselständige Anordnung der Blätter.
Blütenstand: 3–10blütige Traube.
Blüten: Lang gestielt und hängend; Perigonblätter 6, schmal oval, ausgezogen bis 7 cm lang, von der Mitte an zurückgebogen, schmutzig hellpurpurn und mit dunkelroten Flecken; Staubblätter 6; Fruchtknoten oberständig und aus 3 Fruchtblättern zusammengesetzt.
Früchte: Dreifächerige Kapseln mit zahlreichen Samen.
Standort: Von der kollinen bis in die subalpine Stufe in Hochstaudenfluren, Wiesen und Wäldern auf sickerfrischen bis wasserzügigen, nährstoff- und basenreichen, humosen, lockeren und auch tiefgründigen Böden.

166 Männertreu – *Nigritella nigra* RICH.
Merkmale: Von Juni bis August blühend, 10–25 cm hoch, ausdauernd und mit handförmig geteilten Knollen.
Laubblätter: 5–15 cm lang, linealisch, hohlrinnig und aufwärts gerichtet.
Blütenstand: 1–2 cm lange und dichtblütige Ähre mit oft kugeligem Aussehen.
Blüten: Meist rötlichschwarz, dunkelrotbraun oder leuchtend rot gefärbt und mit starkem Vanilleduft; Perigonblatter 5–7 mm lang und sternförmig abstehend; äussere Perigonblätter doppelt so lang wie die inneren; Sporn sackartig erweitert; Fruchtknoten unterständig und aus 3 Fruchtblättern zusammengesetzt.
Früchte: Vielsamige Kapseln.
Standort: In der subalpinen und alpinen Stufe in Magerrasen, Weiden und Zwergstrauchgesellschaften auf mässig frischen, basenreichen, meist auch kalkhaltigen, neutralen und modrig humosen Lehmböden.

167 Feuerlilie – *Lilium bulbiferum* L. ssp. *bulbiferum*
Merkmale: Im Juni und Juli blühend, 30–80 cm hoch, ausdauernd und mit Zwiebeln versehen.
Laubblätter: Schmal lanzettlich, 3 10 cm lang, zugespitzt und besonders im oberen Teil wechselständig angeordnet; in den Winkeln der meisten Blätter grünliche Brutknöllchen vorhanden.
Blütenstand: Blüten zu 1–5 am Ende des Stengels mehr oder weniger doldig angeordnet.
Blüten: Aufrecht, lebhaft orangerot und mit dunkelbraunen, behaarten Flecken; Perigonblätter 6, oval, zugespitzt, gegen die Basis zu stark keilförmig verschmälert und zusammen einen weiten Trichter bildend, nicht zurückgeschlagen; die 6 Staubblätter mit rötlichen Staubfäden; Fruchtknoten oberständig.
Früchte: Dreifächerige, vielsamige Kapseln.
Standort: In der montanen und subalpinen Stufe in Felsen, Wiesen und bei Hecken auf trockenen bis frischen, nährstoff- und basenreichen, oft steinigen Lehmböden; Tagfalterpflanze; geschützt; auch als Zierpflanze verbreitet.

168 Rundblättriges Täschelkraut – *Thlaspi rotundifolium* (L.) GAUD.
Merkmale: Im Juni und Juli blühend, 5–12 cm hoch und ausdauernd.
Laubblätter: An den nichtblühenden Stengeln gegenständig bis wechselständig angeordnet, an blühenden Trieben am Grunde in einer Rosette und im oberen Teil meist wechselständig; Blätter oval bis rundlich, unbehaart, blaugrün und ganzrandig oder schwach gezähnt.
Blütenstand: Vielblütige Dolde mit grünlichrot gefärbten Blütenstielen.
Blüten: Kelchblätter 4, grünlichrot, kahl, weisslich berandet und 2–5 mm lang; Kronblätter 4, oftmals bis 10 mm lang, lila gefärbt, meist etwas dunkel geadert und am Ende abgerundet oder etwas eingeschnitten; Staubblätter 6; Fruchtknoten oberständig.
Früchte: Schoten 3–8 mm lang.
Standort: In der subalpinen und alpinen Stufe in Steinschutthalden auf sickerfrischen, humus- und feinerdearmen, lockeren, sich bewegenden und meist groben Kalkschuttböden; Pflanze mit langen kriechenden Stengeln versehen.

169 Lichtblume – Bulbocodium vernum L.

Merkmale: Im Februar und März blühend, 4–20 cm hoch, ausdauernd; mit verdickten Internodien.
Laubblätter: 10–20 cm lang, 1–1,5 cm breit, deutlich rinnig, nach oben gefaltet, hellbraun bis rötlichbraun gefärbt, stumpf und im Frühling zusammen mit den Blüten erscheinend.
Blütenstand: Blüten meist einzeln und nur selten zu 2–3 am Spross.
Blüten: Perigonblätter 6; oberer ausgebreiteter Abschnitt jeweils 2–5 cm lang, bis 1 cm breit, am Grunde mit einem zahnartigen Absatz und meist rosa bis dunkelrosa gefärbt; unterer Teil röhrenförmig, bis 10 cm lang und tief ins Erdinnere reichend; die 6 Staubblätter an den Perigonwänden angewachsen; äussere Staubblätter meist etwas kürzer als die inneren; Fruchtknoten oberständig und mit 3 Griffeln, die bis zu den Narben verwachsen sind.
Früchte: Dreifächerige Kapseln mit zahlreichen Samen in jedem Fach.
Standort: In der subalpinen Stufe (seltener kollin und montan) zerstreut in sommertrockenen Wiesen und Weiden auf trockenen und sandigen Böden; Wallis, Aosta, Savoyen.

170 Herbst-Zeitlose – *Colchicum autumnale* L.

Merkmale: Von August bis Oktober blühend, 8–20 cm hoch, ausdauernd, mit einer Knolle versehen.
Laubblätter: 10–25 cm lang, 2–5 cm breit, lanzettlich bis schmal oval, glänzend dunkelgrün gefärbt, mehr oder weniger flach und im Frühling zusammen mit den Früchten erscheinend.
Blütenstand: Blüten meist einzeln.
Blüten: 6 Perigonblätter 4–7 cm lang, länglich bis schmal verkehrt eiförmig, rosa oder lila (selten weiss), am Grunde ohne zahnartigen Absatz; untere Teile der Perigonblätter zu einer langen und tief in die Erde reichende Röhre verwachsen; Staubblätter 6; Fruchtknoten aus 3 Fruchtblättern und oberständig; die 3 Griffel nicht verwachsen und jeweils am Ende verdickt; Narben herablaufend.
Früchte: 3fächerige Kapseln mit jeweils zahlreichen Samen in jedem Fach.
Standort: Von der kollinen bis in die subalpine Stufe in feuchten bis nassen Fett- und Riedwiesen und Auenwäldern auf nährstoffreichen, tiefgründigen und humosen Lehm- und Tonböden; giftig; ein Wiesen- und Heuunkraut; häufig anzutreffen.

171 Schnittlauch – *Allium schoenoprasum* L.

Merkmale: Von Mai bis August blühend, 10–50 cm hoch und mit länglichen Zwiebeln.
Laubblätter: 10–40 cm lang, alle grundständig, röhrenförmig, hohl und glatt.
Blütenstand: Viel- und dichtblütige, kugelige Dolde; Hüllblätter jeweils kürzer als der Blütenstand.
Blüten: Ihre Stiele sind kürzer als die 6 Perigonblätter; diese sind 7–15 mm lang, länglich, allmählich zugespitzt, hellviolett bis dunkelrotviolett gefärbt und mit dunklerem Kiel; Staubblätter 6, ohne seitliche Zähne an ihrem Ende und kürzer als die Perigonblätter; Staubfäden gegen den Grund zu etwas verbreitert; Fruchtknoten oberständig und aus 3 Fruchtblättern zusammengesetzt.
Früchte: 3fächerige Kapseln mit meist je 2 Samen pro Fach.
Standort: Die wildwachsenden Sippen leben in der subalpinen und alpinen Stufe in Flachmooren, feuchten Wiesen und feuchten, steinigen bis felsigen Hängen auf frischen bis feuchten, nährstoffreichen Sand- und Kiesböden; der Gartenschnittlauch bevorzugt frische und nährstoffreiche Böden und wird als Gewürzpflanze sehr häufig angepflanzt.

172 Wilde Mondviole – *Lunaria rediviva* L.

Merkmale: Im Mai und Juni blühend, 30–130 cm hoch, ausdauernd; Wurzelstock kriechend.
Laubblätter: Schmal herzförmig, gestielt, bis 25 cm lang, gezähnt und behaart; die unteren Blätter fast gegenständig angeordnet; Blätter im oberen Bereich des Sprosses immer wechselständig.
Blütenstand: Vielblütige und aufrechte Traube.
Blüten: Ihre Stiele lang und kurz anliegend behaart; Kelchblätter 4, 4–6 mm lang, kurz behaart; Kronblätter 4, schmal oval, bis 20 mm lang und weiss, lila oder hellviolett gefärbt; Staubblätter 6 (2 äussere sind kurz, 4 innere sind länger); Fruchtknoten oberständig und 2fächerig; die beiden Fächer durch eine Mittelwand getrennt; Narben 2; Bienen- und Nachtfalterblume.
Früchte: Schoten 3–9 cm lang, bis 3 cm breit, schmal oval und gestielt.
Standort: In der montanen Stufe in luftfeuchter Klimalage an steilen Waldhängen und in schattigen Schluchtwäldern auf sickerfrischen bis feuchten, nährstoff- und basenreichen, lockeren, humosen und feinerdereichen Steinschuttböden.

173 Quirlblättriges Weidenröschen – *Epilobium alpestre* (JACQ.) KROCKER
Merkmale: Von Juni bis August blühend, 25–80 cm hoch, unverzweigt und mit kurzem Rhizom.
Laubblätter: Im oberen und mittleren Abschnitt des Sprosses zu 3 oder zu 4 quirlständig; im unteren Teil meist zu 2 gegenständig; Blätter breit lanzettlich bis schmal oval, 4–10 cm lang, im unteren Bereich am breitesten, am Spreitengrund abgerundet, sitzend oder sehr kurz gestielt und gezähnt.
Blütenstand: Blüten einzeln in den Achseln von Stengelblättern.
Blüten: Kelchblätter 4, den Kronblättern anliegend, 2–5 cm lang, lanzettlich, gegen oben schmäler werdend, hellgrün mit oft rötlicher Spitze und weiss behaart; Kronblätter 4, bis 10 mm lang, tief ausgerandet, hell- bis mittelrotviolett gefärbt und mit dunklen Adern; Staubblätter 8, mit hellgelben Staubbeuteln; Fruchtknoten unterständig.
Früchte: Durch Längsspalten sich öffnende, leicht behaarte Kapseln.
Standort: In der montanen und subalpinen Stufe in Hochstaudenfluren, an Lägerstellen und im Grünerlengebüsch auf frischen bis nassen, nährstoffreichen und meist kalkhaltigen Böden.

174 Grosser Wiesenknopf – *Sanguisorba officinalis* L.
Merkmale: Von Juni bis September blühend, 30–90 cm hoch, ausdauernd und meist kahl.
Laubblätter: Gefiedert; Teilblätter 7, 9, 11, 13 oder 15 an der Zahl, schmal oval, am Ende abgerundet und mit feiner Spitze, gestielt, bis 5 cm lang, mit groben und spitzen Zähnen; grundständige Blätter eine Rosette bildend; Stengelblätter nur mit wenigen Fiederblättern.
Blütenstand: Zylindrische bis kugelige, dichtblütige und bis 5 cm lange Traube.
Blüten: Jede Blüte mit einem Tragblatt und 2 Vorblättern; Kelchblätter 4, oval, bis 4 mm lang und dunkelrot gefärbt; Staubblätter 4, so lang wie die Kelchblätter; Narbe auf dem Griffel als Köpfchen ausgebildet; Insektenbestäubung.
Früchte: Einsamig und vom harten Kelchbecher umschlossen; Windverbreitung.
Standort: Von der kollinen bis in die subalpine Stufe in Fettwiesen, entlang von Weg- und Waldrändern, auf Flachmooren auf sicker- bis wechselfeuchten, mehr oder weniger nährstoffreichen, neutralen bis leicht sauren und humosen Lehm- und Tonböden; Tiefwurzler und Feuchtigkeitszeiger.

175 Alpen-Mannsschild – *Androsace alpina* (L.) LAM.
Merkmale: Im Juli und August blühend, dichte und flache Polster oder kleinere Rasen bildend und mit 2–8strahligen Haaren besetzt.
Laubblätter: Lanzettlich bis eiförmig, 3–6 mm lang, mit stumpfer Spitze, lebend und abgestorben in Rosetten zusammengefasst.
Blütenstand: Blüten einzeln.
Blüten: Blütenstiele ungefähr so lang wie die Blätter (seltener doppelt so lang); die 5 Kelchblätter 3–4 mm lang; Kronblätter 5; Kronzipfel mit meist gerundeten Lappen; Krone rosa oder seltener weisslich gefärbt, mit gelbem Schlund und 2–3 mm langen, meist abgerundeten Zipfeln; Kronröhre kürzer als die Kelchzipfel.
Früchte: Kapseln, die sich bis zur Mitte mit 5 Zähnen öffnen.
Standort: In der alpinen Stufe im Felsschutt, auf Moränen auf ziemlich feuchten, kalkarmen, feinerdereichen und lange mit Schnee bedeckten Böden; in den Zentralalpen häufiger.

176 Ganzblättrige Primel – *Primula integrifolia* L.
Merkmale: Im Juni und Juli blühend, 3–6 cm hoch, ausdauernd und mit kurzem Rhizom.
Laubblätter: Schmal elliptisch bis elliptisch, bis 2,5 cm lang, meist ganzrandig, langsam verschmälert, am Ende stumpf oder abgerundet, am Rande mit zahlreichen Drüsenhaaren, ohne Mehlstaub.
Blütenstand: Aufrechte Dolde mit bis 3 Blüten.
Blüten: Kelchblätter 5, bis weit hinauf verwachsen, 4–9 mm lang und rötlichbraun gefärbt; ihre Zipfel meist abgerundet; Kelch und Blütenstiele mit farblosen Drüsenhaaren; Kronblätter 5, verwachsen, rotviolett, am Schlund mit hellem Ring, mit Drüsenhaaren und am Ende deutlich eingeschnitten; Kronzipfel 5–10 mm lang, trichterförmig ausgebreitet; Staubblätter 10; Fruchtknoten oberständig.
Früchte: 4–6 mm lange Kapseln.
Standort: Meist in der alpinen Stufe (seltener subalpin) in Flachmooren, feuchten Mulden, frischen Magerrasen, am Rande von Schneetälchen auf ziemlich feuchten, bodensauren, feinerdereichen und lange vom Schnee bedeckten Böden.

177 Wald-Weidenröschen – *Epilobium angustifolium* L.
Merkmale: Von Juni bis August blühend, 40–140 cm hoch und mit stumpfkantigen Stengeln; oft massenhaft auftretend.
Laubblätter: 5–15 cm lang, bis 2 cm breit, lanzettlich, nach dem abgerundeten Spreitengrund zu allmählich verschmälert, zugespitzt und mit umgebogenem Rand.
Blütenstand: Endständige, vielblütige und aufrechte Traube.
Blüten: Kelchblätter 4, schmal lanzettlich, oft so lang wie die Kronblätter und meist dunkelrot gefärbt; Kronblätter 4, oval bis rundlich, bis 15 mm lang, flach ausgebreitet und purpurrot; Staubblätter 8; Fruchtknoten unterständig.
Früchte: Durch Längsspalten sich öffnende und leicht behaarte Kapseln.
Standort: Von der kollinen bis in die subalpine Stufe in Staudenfluren, Waldlichtungen, entlang von Bach- und Flussufern, bei Wegen, auf Schuttplätzen und im Felsschutt auf frischen, nährstoffreichen und humosen Lehmböden.

178 Fleischers Weidenröschen – *Epilobium fleischeri* HOCHST.
Merkmale: Im Juli und August blühend, 20–50 cm hoch, mit zahlreichen Stengeln und bogig aufsteigend.
Laubblätter: 3–5 cm lang, lineal lanzettlich, kahl, mit vielen zahnähnlichen Drüsen und einer deutlich sichtbaren, hellen Mittelader.
Blütenstand: Meist Blüten einzeln in Blattachseln.
Blüten: Lang gestielt; Kelchblätter 4, schmal lanzettlich, meist so lang wie die Kronblätter und rötlichbraun; Kronblätter 4, oval, bis 2 cm lang und dunkelrosa; Staubblätter 8; Fruchtknoten unterständig; Griffel bis zur Mitte oder darüber hinaus behaart.
Früchte: Durch Längsspalten sich öffnende Kapseln; Samen mit Haarschopf.
Standort: In der subalpinen und alpinen Stufe im Felsschutt, im Kies der Gebirgsflüsse und auf den Moränen auf wechselfeuchten, basenreichen, lockeren, kalk- und feinerdearmen Sand- und Kiesböden.

179 Steinschmückel – *Petrocallis pyrenaica* (L.) R. BR.
Merkmale: Im Juni und Juli blühend, 3–10 cm hoch, Rasen bildend und mit einem dünnen, verzweigten Wurzelstock.
Laubblätter: 5–9 mm lang, 3teilig (seltener 5teilig) und bewimpert.
Blütenstand: Einzelblüten oder wenigblütige Traube; Stengel beinahe nur aus dem Blütenstand bestehend.
Blüten: Kelchblätter 4, schmal oval, 2–3 mm lang, rötlich gefärbt; Kronblätter 4, breit oval, 4–6 mm lang, vorn abgerundet, hell lila, mit dunkleren Streifen und flach ausgebreitet; ältere Blüten heller gefärbt; die 2 äusseren kürzeren und die 4 inneren längeren Staubblätter deutlich über den Kronenrand hervortretend; Fruchtknoten oberständig.
Früchte: Schoten 4–6 mm lang, netzaderig, kahl und mit kurzem Griffel.
Standort: In der alpinen Stufe in Felsspalten, Steinrasen und auf Felsschutt auf sonnigen und feinerdearmen Kalk- und Dolomitgestein.

180 Rundblättriges Fettkraut – *Sedum anacampseros* L.
Merkmale: Von Juli bis September blühend, 10–30 cm hoch, ausdauernd, bogig aufsteigend und mit sterilen, am Ende dicht beblätterten Trieben.
Laubblätter: 1–3,5 cm lang, oval bis verkehrt eiförmig, flach, ganzrandig, am Ende stumpf oder abgerundet, sitzend, fleischig und wechselständig angeordnet.
Blütenstand: Vielblütige und halbkugelige Trugdolde.
Blüten: Kelchblätter 5, schmal oval, 3–5 mm lang, zugespitzt, auf hellgelbem Grund oft mit roten Flecken und mit einwärts gebogener hakenförmiger Spitze; Kronblätter 5, bis 8 mm lang, schmutzigrot bis schmutzigrosa und oberseits mit roten Flecken oder Längsstreifen; Staubblätter 10; Fruchtblätter oberständig.
Früchte: Mehrsamige Balgfrüchte, die auf der Innenseite in der Längsrichtung aufspringen.
Standort: In der subalpinen und alpinen Stufe in Schutthalden, an Felsen und felsigen Hängen auf sauren Gesteinsunterlagen; kalkfliehende Art.

181 Echte Hauswurz – *Sempervivum tectorum* L.

Merkmale: Im Juli und August blühend, 30–60 cm hoch, dicht beblättert, mit grundständiger Rosette und ausdauernd.
Laubblätter: Rosettenblätter rasch zugespitzt, grünlich bis hellrot, auf den Flächen oft kahl und am Rande deutlich gewimpert; Stengelblätter meist langsam zugespitzt, grünlich bis rotbraun, unterseits an der Spitze oft dunkelrot und am Rande bewimpert.
Blütenstand: Mehrere doldenartige Äste endständig angeordnet; bis 30 Blüten.
Blüten: Die 12–16 Kelchblätter am Grunde meist miteinander verwachsen; die 12–16 Kronblätter lanzettlich, purpurrosa bis schmutzigbraun, 8–12 mm lang, deutlich gewimpert und fein zugespitzt; Staubblätter doppelt so viele wie Kronblätter; 12–16 freie Fruchtblätter ringförmig angeordnet.
Früchte: Mehrsamige Balgfrüchte.
Standort: Von der montanen bis in die alpine Stufe in Felsbandrasen und trockenen Wiesen in sonniger Lage auf kalkfreier Unterlage (auch auf trockenen Silikatfelsen).

182 Spinnweb-Hauswurz – *Sempervivum arachnoideum* L.

Merkmale: Von Juni bis August blühend, 5–20 cm hoch und ausdauernd.
Laubblätter: Rosettenblätter lanzettlich, mit rotbrauner Spitze und bei Pflanzen sonniger Standorte mit Haarüberzug; Stengelblätter schmal oval, langsam zugespitzt, dem Stengel anliegend, fleischig, drüsig und gelblich bis rötlich gefärbt.
Blütenstand: Einzelne Dolde oder mehrere doldenartige Äste.
Blüten: Die 6–12 Kelchblätter am Grunde meist verwachsen; Kronblätter schmal oval, kurz zugespitzt, hellrot bis karminrot, mit je einem dunkelroten Streifen und drüsig bewimpert; Staubblätter doppelt so viele wie Kronblätter; Fruchtblätter zahlreich.
Früchte: Vielsamige Balgfrüchte.
Standort: Von der kollinen bis in die alpine Stufe in Silikatmagerrasen, Steinschutthalden, Blockfeldern und auf Felsköpfen auf sommerwarmen, trockenen, nährstoff- und basenarmen, kalkfreien und feinerdearmen Böden.

183 Gletscher-Nelke – *Dianthus glacialis* HAENKE

Merkmale: Von Juni bis August blühend, 2–6 cm hoch und ausdauernd.
Laubblätter: Lineal lanzettlich, 2–5 cm lang, kurz zugespitzt oder stumpf und sitzend; Blattscheiden bis 2mal so lang wie die Blattbreite; auch mit steriler Blattrosette.
Blütenstand: Blüten einzeln am Ende der Stengel.
Blüten: Kelchblatter 5, röhrenförmig verwachsen, bis 15 mm lang und kahl; Kelchschuppen oval, gleichlang oder länger als die Kelchröhre und langsam in eine Spitze verschmälert; Kronblätter 5, breit oval, bis 10 mm lang, oberseits hellviolett bis purpurn, gegen den Schlund zu mit dunkelroten Strichen, Streifen oder Punkten, mit Haaren um den Schlundeingang und am Ende jeweils deutlich gezähnt; Staubblätter 10; Fruchtknoten oberständig.
Früchte: Sich mit Zähnen öffnende Kapseln.
Standort: In der alpinen Stufe in Rasen und auf windexponierten Graten auf steinigen und kalkhaltigen Böden.

184 Stein-Nelke – *Dianthus sylvestris* WULFEN

Merkmale: Von Juni bis August blühend, 10–30 cm hoch, einfach oder im oberen Bereich verzweigt, am Grunde mit steriler Blattrosette und mit kahlem Stengel.
Laubblätter: Grasförmig, 3–12 cm lang, 1–2 mm breit, am Rande rauh, gekielt und gras- oder meergrün; Blattscheiden 2–5 mm breit.
Blütenstand: 2–4blütig, oft nur einblütig.
Blüten: 1,5–2 cm im Durchmesser; Aussenkelchblätter 2–4 und etwa 1/4 so lang wie die Krone; Kelchschuppen meist 2; Kelchblätter zu einer Röhre verwachsen; Kronblätter 5, oval, gegen den Grund zu keilförmig verschmälert, rosa, am Schlunde kahl und am Ende gezähnt; Staubblätter 10; Fruchtknoten oberständig; Blüte schwach oder nicht duftend.
Früchte: Sich mit Zähnen öffnende Kapseln.
Standort: Von der kollinen bis in die alpine Stufe auf trockenwarmen Hügeln, in Felsen, felsigen Hängen und steinigen Wiesen auf trockenen und steinigen Böden.

185 Heilglöckchen – *Cortusa matthioli* L.
Merkmale: Von Mai bis August blühend, 20–50 cm hoch, zottig behaart und auch mit Drüsenhaaren besetzt.
Laubblätter: Grundständig, lang gestielt, rundlich bis herzförmig, grob gesägt oder bis wenig tief gelappt, mit 7, 9, 11 oder 13 grob und spitz gezähnten Abschnitten.
Blütenstand: 5–8blütige Dolde oder Scheindolde mit ungleichen, ganzrandigen oder etwas gezähnten Hüllblättern.
Blüten: Lang gestielt; Krone glockenförmig, purpurn, 7–12 mm lang, mit bis 5 mm langen und mehr oder weniger spitzen Zipfeln.
Früchte: Kapseln 6–11 mm lang.
Standort: In der montanen und subalpinen Stufe in Hochstaudenfluren, halbschattigen, feuchten Grünerlengebüschen auf sickerfrischen bis feuchten, nährstoff- und basenreichen, oft kalkarmen, oft etwas sauren, lockeren Lehm- und Tonböden.

186 Kartäuser-Nelke – *Dianthus carthusianorum* L. S.L.
Merkmale: Von Juni bis Oktober blühend, 10–40 cm hoch, ausdauernd, mit verzweigtem Rhizom.
Laubblätter: Schmal lineal, höchstens 2–3 mm breit, fein zugespitzt, am Ansatz etwas herablaufend, gegenständig angeordnet und bläulichgrün gefärbt; mit steriler Blattrosette.
Blütenstand: Blüten einzeln oder zu mehreren am Ende des Stengels kopfartig gehäuft.
Blüten: Kelchblätter meist 5, bis 18 mm lang, kahl; Kelchschuppen jeweils in eine Granne ausgezogen; Kronblätter 5, ihre ausgebreiteten Teile verkehrt eiförmig, 5–15 mm lang, dunkelpurpurn gefärbt, an den Seiten ganzrandig, am oberen Ende unregelmässig gezähnelt und mit einzelnen Haaren versehen; die 10 Staubblätter mit dunkelvioletten Staubbeuteln; Fruchtknoten oberständig.
Früchte: Sich mit 4 Zähnen öffnende Kapseln, die bis 2,5 mm lange Samen enthalten.
Standort: Von der kollinen bis in die subalpine Stufe in lichten Wäldern, Trockenwiesen, Weiden, an Felsen, entlang von Waldrändern und Böschungen auf ziemlich trockenen, warmen, basen- und kalkreichen, humosen und gern steinigen und lockeren Lehm- und Lössböden; Tagfalterblume.

187 Pracht-Nelke – *Dianthus superbus* L.
Merkmale: Von Juni bis September blühend, 20–60 cm hoch, ausdauernd und mit dünnem Rhizom.
Laubblätter: Schmal lanzettlich, 3–5 cm lang (seltener bis 10 cm), ganzrandig, fein zugespitzt und gegenständig angeordnet; Blattscheiden 1–2mal so lang wie die Blattbreite.
Blütenstand: Gestielte Blüten einzeln oder in wenigblütiger Traube.
Blüten: Kelchblätter 5, verwachsen, 20–30 mm lang und kahl; Kelchschuppen 3–4mal kürzer als die Kronröhre; Kronblätter 5, bis über die Mitte hinaus fiederartig zerschlitzt, 10–35 mm lang, gegen den Schlund zu grünlich, hier mit dunklen Haaren besetzt und oberseits lila bis hellpurpurn gefärbt; Staubblätter 10; Fruchtknoten oberständig und mit 2 Griffeln versehen.
Früchte: Kapseln sich mit 4 Zähnen öffnend; Samen 2–3 mm lang und mit verdickten Rändern.
Standort: In der montanen und subalpinen Stufe in Moorwiesen, Weiden, bei lichten Waldstellen und entlang von Grabenrändern auf wechselfeuchten bis wechselnassen, mehr oder weniger nährstoffreichen, aber stickstoffarmen, kalkhaltigen und neutralen Ton- und Torfböden.

188 Mehl-Primel – *Primula farinosa* L.
Merkmale: Von Mai bis Juli blühend, 5–20 cm hoch, ausdauernd und mit kurzem Rhizom.
Laubblätter: 2–8 cm lang, bis 2 cm breit, länglich verkehrt eiförmig, allmählich in den geflügelten Stiel verschmälert, am Ende stumpf oder abgerundet, unterseits weisslich mit "Mehlstaub" bedeckt, kahl und unregelmässig fein gezähnt oder auch ganzrandig.
Blütenstand: Wenig- bis vielblütige Dolde.
Blüten: Tragblätter, Blütenstiele und Kelch mit "Mehlstaub" bedeckt; Kelchblätter 5, verwachsen mit bis 2 mm langer Kelchröhre; Kronblätter 5, im unteren Bereich verwachsen, am Ende deutlich ausgerandet, lila, rosa oder purpurn gefärbt, beim Schlundeingang mit einem gelb und weiss umrandeten Ring, flach ausgebreitet; Staubblätter 5, in der Krone angewachsen; Fruchtknoten oberständig.
Früchte: 5–10 mm lange Kapseln.
Standort: Von der montanen bis in die alpine Stufe in Quellfluren, Flach- und Wiesenmooren, in nassen Wiesen, Steinrasen auf ziemlich feuchten bis nassen, mageren, kalkhaltigen, neutralen Böden.

189 Alpen-Grasnelke – ***Armeria alpina*** WILLD.
Merkmale: Von Juni bis September blühend, 5–20 cm hoch, ausdauernd und meist in dichten Polster wachsend; Stengel kahl und blattlos.
Laubblätter: Schmal lineal und damit grasähnlich, gegen den Grund zu etwas verschmälert, höchstens bis 8 cm lang, stumpf, kahl und ganzrandig.
Blütenstand: Blüten in kurzen, meist 3blütigen Wickeln; diese zusammen eine 2–3 cm breite Kugel bildend.
Blüten: Kelchblätter 5 und röhrenförmig verwachsen; Kronblätter 5, verwachsen und lebhaft rosa bis karminrot gefärbt; Staubblätter 5; Fruchtknoten oberständig.
Früchte: Kapseln.
Standort: In der subalpinen und alpinen Stufe in Felsspalten, offenen und lückigen Rasengesellschaften und im Felsschutt auf steinigen und kalkarmen Böden; nur in den zentralen und südlichen Alpenketten zu finden.

190 Stengelloses Leimkraut; Kalk-Polsternelke – ***Silene acaulis*** (L.) JACQ.
Merkmale: Von Juni bis August blühend, 1–3 cm hoch und ausdauernd.
Laubblätter: Schmal lanzettlich, 4–12 mm lang, stumpf oder zugespitzt und an den Rändern bewimpert; dichte Polster bildend.
Blütenstand: Blüten einzeln am Ende von 1–3 cm langen Stengeln.
Blüten: Zwittrig, weiblich und männlich; Kelchblätter 5, bis weit hinauf verwachsen, 3–8 mm lang, kahl, vielfach rötlich und 10aderig; Kronblätter 5 und verwachsen; Kronröhre bis 12 mm lang; ihre ausgebreiteten Teile schmal verkehrt eiförmig, purpurrot gefärbt und am oberen Ende deutlich ausgerandet; Staubblätter 10; Staubfäden weisslich bis rötlich; Staubbeutel hellgelb; Fruchtknoten oberständig.
Früchte: Kapseln 6–12 mm lang und sich mit 6 Zähnen öffnend.
Standort: In der alpinen Stufe in steinigen Rasen, Schutthängen, lückigen Steinrasen und bei Graten auf mässig frischen, steinigen, lockeren und meist kalkhaltigen Böden.

191 Rote Felsen-Primel – ***Primula hirsuta*** ALL.
Merkmale: Im Juni und Juli blühend, 5–15 cm hoch und ausdauernd.
Laubblätter: Oval bis rundlich, plötzlich in den kurzen, geflügelten und breiten Stiel verschmälert, von der Mitte an und besonders am Ende buchtig gezähnt, beiderseits klebrig und weisslichgrün bis mittelgrün gefärbt.
Blütenstand: Mehrblütige Dolde mit 3–10 mm langen Blütenstielen.
Blüten: Kelchblatter 5, verwachsen und hellgrün; Kelchzähne bis 2,5 mm lang; Kronblätter 5, verwachsen und violettrosa; ausgebreiteter Teil der Kronblätter verkehrt eiförmig bis eiförmig, überwiegend keilförmig verschmälert und am oberen Ende deutlich eingeschnitten; Staubblätter 5; Fruchtknoten oberständig.
Früchte: Kapseln.
Standort: In der subalpinen und alpinen Stufe in Rasen, Felsen und im ruhenden Schutt auf steinigen, kalkarmen, schwach sauren bis basischen Böden; besonders in den Zentral- und Südalpen.

192 Zwerg-Primel – ***Primula minima*** L.
Merkmale: Von Juni bis August blühend, 3–5 cm hoch und ausdauernd.
Laubblätter: 0,5–2 cm lang, ungestielt oder allmählich in einen kurzen Stiel verschmälert, etwas dick fleischig ausgebildet, glänzend, ohne Knorpelrand, mit grossen Sägezähnen und rosettenartig gedrängt.
Blütenstand: Blüten einzeln.
Blüten: Kelchblätter 5, verwachsen und mit sehr kleinen Drüsenhaaren; Kronblätter 5, verwachsen, leuchtend rosa bis rot und mit bis zur Hälfte eingeschnittenem Kronensaum; Kronröhre innen und im Schlund weiss; Staubblätter 5; Fruchtknoten oberständig.
Früchte: Kapseln.
Standort: Von der montanen bis in die alpine Stufe in Magerrasen, im Felsschutt und auf lange mit Schnee bedeckten Böden auf frischen bis feuchten, kalkarmen und steinigen Lehmböden; oft kleinere Teppiche bildend.

193 Gemeines Alpenveilchen – *Cyclamen purpurascens* MILLER

Merkmale: Von Juni bis Oktober blühend, 5–15 cm hoch; mit scheibenförmiger / kugeliger Knolle.
Laubblätter: Rundlich, nieren- oder herzförmig, 5–15 cm lang, am Ende breit zugespitzt oder stumpf, kahl, stumpf gezähnt bis gekerbt, mit hellen Flecken und unterseits rötlichviolett gefärbt.
Blütenstand: Blüten einzeln an langen Stielen.
Blüten: Lang gestielt und nickend; Kelchblätter 5, verwachsen, aber bis über die Mitte geteilt und mit 5 dreieckigen Zipfeln; Kronblätter 5, im unteren Bereich verwachsen, mit kurzer Röhre, weiss, rosa oder karminrot gefärbt und mit bis 2,5 cm langen rückwärts gerichteten ganzrandigen Zipfeln; Staubblätter 5; Fruchtknoten oberständig; Insektenbestäubung.
Früchte: Kugelige Kapseln mit bis 1 cm Durchmesser; Ameisenverbreitung.
Standort: In der kollinen und montanen Stufe (bis 1200 m.ü.M.) in steinigen Laubmischwäldern auf mässig frischen, nährstoff- und basenreichen, kalkhaltigen, humosen, lockeren und etwas steinigen Lehm- und Tonböden; wärmere Lagen bevorzugend; eine südeuropäische Gebirgspflanze; geschützt.

194 Wald-Storchschnabel – *Geranium sylvaticum* L.

Merkmale: Im Juni und Juli blühend, 20–60 cm hoch, ausdauernd und mit dickem Rhizom.
Laubblätter: Nierenförmig bis viereckig, bis 16 cm breit, 5–7teilig, beiderseits kurz und zerstreut behaart; Abschnitte unregelmässig geteilt und gezähnt; Nebenblätter zugespitzt.
Blütenstand: Gestielte Blüten zu einem straussförmigen Gesamtblütenstand vereinigt.
Blüten: Kelchblätter 5, schmal oval, grünlich mit weissem Rand und mit 2–4 mm langer aufgesetzter Spitze; Kronblätter 5, 10–18 mm lang, breit oval, am Ende abgerundet, an der Basis fein bewimpert und rotviolett gefärbt; Staubblätter 10; Staubfäden am Grunde auf 1 mm verbreitert und am Rand deutlich bewimpert; Staubbeutel rotviolett gefärbt; Fruchtknoten oberständig.
Früchte: In 5 einsamige und trockene Teilfrüchte zerfallend; Blütenstiele zur Fruchtzeit aufrecht.
Standort: Mehrheitlich in der montanen und subalpinen Stufe in lichten Gehölzen, Wäldern, Bergfettwiesen und Hochstaudenfluren auf frischen bis feuchten, humosen, nährstoff- und basenreichen, tiefgründigen Lehm- und Tonböden; bis 50 cm tief wurzelnd.

195 Blassblütiger Storchschnabel – *Geranium rivulare* VILL.

Merkmale: Im Juli und August blühend, 15–50 cm hoch und ausdauernd.
Laubblätter: 5–10 cm breit, 5–7spaltig, im oberen Bereich nur sehr kurz gestielt, mit unregelmässig tief eingeschnittenen Abschnitten und bläulichgrün gefärbt.
Blütenstand: Meist 2blütig; Gesamtblütenstand straussförmig; Blütenstiele auch zur Fruchtzeit aufrecht stehend; Stengel gabelig verzweigt.
Blüten: Kelchblätter 5, schmal oval, behaart, 6–9 mm lang und mit 1–2 mm langer Spitze; Kronblätter 5, verkehrt eiförmig, keilförmig verschmälert, am oberen Rand mit kurzen Kerben oder schwach ausgerandet und meist schwach rosa bis rosa gefärbt; Adern rot; Staubblätter 10; Fruchtknoten oberständig und aus 5 Fruchtblättern zusammengesetzt.
Früchte: In 5 einsamige, trockene und 2–4 cm lange Teilfrüchte zerfallend.
Standort: In der subalpinen Stufe in Hochstaudenfluren, Zwergstrauchheiden, bei Gebüschen, entlang von Bächen und in lichten Nadelwäldern auf frischen und kalkarmen Böden.

196 Schlangen-Knöterich – *Polygonum bistorta* L.

Merkmale: Von Mai bis Juli blühend, 30–70 cm hoch, ausdauernd und mit gewundenem Rhizom.
Laubblätter: Schmal oval bis oval, bis 20 cm lang, mit der grössten Breite am gestutzten oder herzförmigen Spreitengrund, am Ende stumpf oder zugespitzt und bei den unteren mit geflügeltem Stiel; obere Stengelblätter sitzend und meist zugespitzt, am Stengel meist weit voneinander stehend; Nebenblattscheiden lang und zugespitzt.
Blütenstand: Endständig, ährenartig, zylindrisch, 3–8 cm lang und bis 2 cm breit.
Blüten: Perigonblätter 5, rosa bis rötlich gefärbt und 3–5 mm lang; Staubblätter 4–8; Fruchtknoten oberständig und mit kopfiger Narbe.
Früchte: 3kantige, 4–5 mm lange, dunkelbraune und glänzende Nüsschen.
Standort: In der montanen und subalpinen Stufe in Fettwiesen, Hochstaudenfluren, Auenwäldern, im Erlengebüsch und entlang von Gewässern auf kühlen, feuchten bis nassen, zeitweise auch überschwemmten, nährstoffreichen, kalkarmen und humosen Lehm- und Tonböden.

197 Leberbalsam, Steinbalsam – *Erinus alpinus* L.

Merkmale: Im Juni und Juli blühend, 5–20 cm hoch und ausdauernd.
Laubblätter: In grundständiger Rosette; am Stengel schmal oval bis spatelförmig, 0,5–2 cm lang, allmählich in den kurzen Stiel verschmälert, mit kurz gezähntem Rand, am Ende etwas gekerbt, zerstreut behaart und wechselständig angeordnet.
Blütenstand: Blüten einzeln in den Achseln der obersten Stengelblätter.
Blüten: Kelchblätter 5, verwachsen, beinahe bis zum Grund 5teilig, drüsig behaart und grünlich; Kronblätter 5, verkehrt eiförmig, im unteren Teil verwachsen, 4–6 mm lang, am Ende ausgerandet, beim Schlundeingang gelblich bis gelblichweiss und flach ausgebreitet; alle 4 Staubblätter in der Kronröhre eingeschlossen; Fruchtknoten oberständig.
Früchte: Eiförmige Kapseln 3–4 mm lang und zweiklappig aufspringend.
Standort: In der subalpinen Stufe in Felsspalten, Steinrasen, auf Alluvionen und im Felsschutt auf kalkreichem Gestein; in die montane Stufe heruntergeschwemmt.

198 Gegenblättriger Steinbrech – *Saxifraga oppositifolia* L.

Merkmale: Von Mai bis Juli blühend, ausdauernd, mit niederliegenden Trieben und mit 1–6 cm hohen aufrechten und blühenden Stengeln.
Laubblätter: Lanzettlich bis schmal oval, 2–4 mm lang, zugespitzt, mit einem kalkausscheidenden Grübchen, einem bewimperten Rand und meist einer geraden Spitze.
Blütenstand: Einzelblüten am Ende der Sprosse.
Blüten: Kelchblatter 5, schmal oval, weisslich bis hellgrün und mit meist drüsenlosen Wimpern; Kronblätter 5, oval, zugespitzt, lila oder violett und mit je 5 Adern; die 10 Staubblätter mit grauvioletten Staubfäden; Staubbeutel dunkelviolett und Blütenstaub dunkelgelb; Fruchtknoten fast oberständig.
Früchte: Mehrsamige Kapseln.
Standort: In der alpinen Stufe in Hängen, Felsen, Mulden, im Steinschutt, auf Graten auf frischen bis feuchten, basenreichen, meist kalkhaltigen und vom Schmelzwasser durchfeuchteten Steinschuttböden.

199 Gletscher-Hahnenfuss – *Ranunculus glacialis* L.

Merkmale: Im Juli und August blühend, 5–20 cm hoch, niederliegend und aufsteigend und ausdauernd.
Laubblätter: Vielfach bis nahe zum Grunde dreiteilig, fleischig und dunkelgrün; Abschnitte schmal oval, zugespitzt oder stumpf und oft 2–3teilig.
Blütenstand: Lang gestielte Blüten einzeln oder zu mehreren angeordnet.
Blüten: Zuerst weiss, später mit rosa bis braunroter Farbe und 1–3 cm im Durchmesser; Kelchblätter meist 5 und dicht rötlichbraun behaart; Kronblätter 5; Staubblätter zahlreich; Fruchtknoten zahlreich und oberständig; Blütenboden ohne Haare.
Früchte: Nüsschen kahl und mit geradem Schnabel.
Standort: In der alpinen Stufe (oft bis 4250 m.ü.M.) in offenen Steinschuttfluren, Felsspalten, Geröllhalden und auf Moränenböden auf sickerfrischen, nährstoff- und kalkarmen, mehr oder weniger rohen und lockeren Silikatschuttböden; Pionierpflanze und Schuttkriecher.

200 Grosse Bibernelle – *Pimpinella major* (L.) HUDS.

Merkmale: Von Juni bis September blühend, 30–100 cm hoch, mit kantig gefurchtem Stengel und ausdauernd.
Laubblätter: Unpaarig gefiedert; Fiederblätter schmal oval, zugespitzt, ungestielt, unregelmässig gezähnt und am Grunde herzförmig bis abgerundet.
Blütenstand: Dolden mit 20–30 Döldchen 1. Ordnung; keine Hochblätter.
Blüten: Kelchblätter 5, klein und unscheinbar; Kronblätter 5, miteinander nicht verwachsen, höchstens 1,5 mm lang, oval und weiss oder vielfach rosa gefärbt; Staubblätter jeweils 5; Fruchtknoten aus 2 Fruchtblättern verwachsen und unterständig.
Früchte: Trockene Spaltfrüchte, die in 2 einsamige Teilfrüchte zerfallen.
Standort: In der montanen und subalpinen Stufe in Weiden, Hochstaudenfluren, Fettwiesen und an Lägerstellen auf frischen, nährstoff- und basenreichen, humosen und tiefgründigen Lehmböden in luftfeuchter Lage; Nährstoffzeiger; Futterpflanze mit nur mittlerem Futterwert.

201 Einseles Akalei – *Aquilegia einseleana* SCHULTZ.

Merkmale: Im Juni und Juli blühend, 15–40 cm hoch und ausdauernd.
Laubblätter: Grundständige 3teilig; Abschnitte 1. Ordnung gestielt, meist bis zum Grunde 3teilig; Abschnitte 2. Ordnung nie gestielt, stumpf gezähnt oder bis etwa zur Mitte 2–3teilig; untere Stengelblätter einfacher gebaut; obere Stengelblätter lanzettlich.
Blütenstand: Blüten einzeln oder zu 2–6 in Trauben.
Blüten: Bis 4 cm im Durchmesser und blauviolett; Perigonblätter 5, kronblattartig ausgebildet und abstehend; Honigblätter 5, glockig zusammenneigend, am Ende breit abgerundet, mit Honigdrüsen gespornt; Sporn bis 1 cm lang, gerade oder am Ende etwas einwärts gebogen; Staubblätter zahlreich, die innersten steril; die 5 Fruchtknoten mehrsamig.
Früchte: Mehrsamige Balgfrüchte.
Standort: In der montanen und subalpinen Stufe in Felsen, grasigen Abhängen, auf Dolomit auf warmen, mässig trockenen bis frischen, durchsickerten, kalkreichen, lockeren und lehmigen Steinböden.

202 Berg-Lungenkraut – *Pulmonaria montana* LEJEUNE

Merkmale: Von März bis Mai bühend, 10–40 cm hoch und ausdauernd.
Laubblätter: Rosettenblätter meist schmal oval bis oval, lang gestielt, zugespitzt, 5–15 cm lang, ohne Flecken, beiderseits behaart, beim Spreitengrund in den Stiel verschmälert; Stengelblätter schmal oval, am Grund oft abgerundet, den Stengel zum Teil umfassend, zugespitzt, behaart.
Blütenstand: Kurz gestielte Blüten in Wickeln.
Blüten: Kelchblätter 5, glockenförmig verwachsen, grünlich bis rötlichbraun, mit 5 zugespitzten Zipfeln und zahlreichen Borstenhaaren; Kronblätter 5, verwachsen, oben trichterförmig, am Schlundeingang mit 5 Haarbüscheln, zuerst hellrot, dann violett gefärbt; die 5 Staubblätter nicht aus der Krone ragend; Fruchtknoten oberständig, aus 2 Fruchtblättern zusammengesetzt.
Früchte: Spaltfrüchte mit 4 nussartigen Teilfrüchten; Ameisenverbreitung.
Standort: In der montanen und subalpinen Stufe in lichten Laubmischwäldern, Hecken, Hochstaudenfluren auf wechselfrischen bis feuchten, basenreichen, meist kalkarmen, humosen Sandböden.

203 Berg-Baldrian – *Valeriana montana* L.

Merkmale: Von Mai bis Juli blühend, 10–50 cm hoch und ausdauernd.
Laubblätter: Spreite der Grundständigen klein, rundlich, deutlich gestielt; Blätter der sterilen Triebe breit lanzettlich, unterhalb der Mitte am breitesten, bis 12 cm lang, ungeteilt, ganzrandig oder schwach gezähnt, am Spreitengrund gestutzt oder in den Stiel verschmälert; Stengelblätter grösser als die Grundständigen, meist oval, ganzrandig bis gezähnt.
Blütenstand: Schirmförmige Rispe.
Blüten: Kelch nach der Blüte lange Pappushaare bildend; Kronblätter 4 oder 5, verwachsen, meist bis 6 mm lang, im oberen Bereich flach ausgebreitet und weiss bis rosa gefärbt; zwittrige und männliche Blüten vorhanden; Staubblätter 3 oder 4; Fruchtknoten unterständig.
Früchte: Bis 7 mm lange mit Pappus versehene Nüsschen; Windverbreitung.
Standort: In der subalpinen Stufe in Felsen, Kalkschuttwäldern, im Bachgeröll auf frischen bis mässig feuchten, oft feinerdereichen, steinigen und bewegten Kalkschuttböden.

204 Dreiblatt-Baldrian – *Valeriana tripteris* L.

Merkmale: Von April bis Juli blühend, 10–50 cm hoch und mit Stärke gefüllten Stengeln.
Laubblätter: Bei sterilen Trieben oval bis rundlich, deutlich grob und unregelmässig gezähnt, stumpf oder zugespitzt, lang gestielt und mit herzförmigem Spreitengrund; Stengelständige meist bis zum Grund 3teilig, ihre seitlichen Abschnitte gezähnt, lanzettlich und deutlich kleiner als der mittlere etwas breitere Abschnitt; Pflanze ausdauernd.
Blütenstand: Schirmförmige Rispe.
Blüten: Kelch nach der Blüte lange Pappushaare bildend; Kronblätter 4 oder 5, verwachsen, vielfach bis 6 mm lang, im oberen Bereich flach ausgebreitet, weiss bis rosa gefärbt und am Ende meist abgerundet; Staubblätter 3 oder 4; Fruchtknoten unterständig.
Früchte: Bis 7 mm lange und mit Pappushaaren versehene Nüsschen; Windverbreitung.
Standort: In der montanen und subalpinen Stufe in Felsspalten, steilen Bergwäldern und auf Felsböden auf frischen bis mässig feuchten, basenreichen und steinigen Kalk- und Silikatböden.

205 Purpur-Enzian – *Gentiana purpurea* L.
Merkmale: Im Juli und August blühend, 10–60 cm hoch und ausdauernd.
Laubblätter: 10–25 cm lang, 5–15 cm breit, schmal oval bis oval, ganzrandig, zugespitzt oder stumpf und 5–7aderig; Stengelblätter schmal lanzettlich bis schmal oval.
Blütenstand: Zu 1–3 in den Achseln der oberen Blätter kopfig gehäuft.
Blüten: Kelch zweizipflig und auf der einen Seite bis fast zum Grund tief eingeschnitten; Kronblätter verwachsen, bis weit hinunter 5–8teilig, 2–4 cm lang, purpurrot, deutlich dunkelrot punktiert und innen gelblich; die 5 Staubblätter in der Kronröhre angewachsen; Fruchtknoten oberständig und aus 2 Fruchtblättern verwachsen.
Früchte: An den verwachsenen Rändern der Fruchtblätter aufspringende Kapseln.
Standort: In der subalpinen und seltener alpinen Stufe in Magerweiden, Hochstaudenfluren, Zwergstrauchheiden und bei Alpenerlen auf frischen, basenreichen, meist kalkarmen, humosen, tonigen und lange mit Schnee bedeckten Böden.

206 Gemeines Katzenpfötchen – *Antennaria dioica* GAERTN.
Merkmale: Im Juni und Juli blühend, 5–20 cm hoch, ausdauernd, mit unterirdischen Ausläufern und zweihäusig.
Laubblätter: In den Rosetten schmal oval, gegen den Grund zu keilförmig verschmälert, anfangs beiderseits filzig behaart und meist im oberen Drittel am breitesten; Stengelblätter lanzettlich und weissfilzig behaart.
Blütenstand: Am Ende der Stengel 3–12 Blütenköpfe doldenartig gehäuft; Hüllblätter bei weiblichen Köpfchen dunkelrot, rosa oder seltener weiss.
Blüten: Kronblätter 5, meist fadenförmig und weisslich bis rötlich; Staubblätter 5 (nur bei männlichen Köpfchen) und Fruchtknoten unterständig (bei weiblichen Köpfchen).
Früchte: Achänen 1 mm lang und mit einem 4–10 mm langen weissen Pappus.
Standort: In der subalpinen und alpinen Stufe in Magerrasen, Weiden, Heiden und lichten Wäldern auf trockenen bis mässig frischen und meist kalkarmen Böden.

207 Langstielige Distel – *Carduus defloratus* L. S.L.
Merkmale: Im Juli und August blühend, 15–80 cm hoch und ausdauernd.
Laubblätter: Lanzettlich, ungeteilt oder stachelig gezähnt oder auch gebuchtet bis fiederteilig und gezähnt, meist beiderseits kahl, stumpf oder zugespitzt, sitzend und nur kurz am Stengel herablaufend; Stacheln nur wenig stechend.
Blütenstand: An langen Stielen einzelne, zur Blütezeit oft nickende Köpfchen.
Blüten: Pappus rauh, nicht federig behaart; Kronblätter 5, verwachsen, bis 2 cm lang und purpurn gefärbt; Staubblätter 5; Fruchtknoten unterständig.
Früchte: Achänen 3–5 mm lang und mit einem bis 15 mm langen Pappus.
Standort: Von der montanen bis in die alpine Stufe in Geröllhalden, trockenen Wäldern, sonnigen Stein- und Halbtrockenrasen auf mässig trockenen bis frischen, meist kalkhaltigen, mehr oder weniger humosen, nährstoffreichen, lockeren und steinigen Lehm- und Tonböden; Rohbodenpionier und Bodenfestiger.

208 Nickende Distel – *Carduus nutans* L. S.L.
Merkmale: Im Juli und August blühend, 30–120 cm hoch, ausdauernd und mit einem rinnigen, spinnwebwolligen Stengel versehen.
Laubblätter: Lanzettlich bis verkehrt lanzettlich, tief fiederschnittig und mit bis 6 cm langen Stacheln versehen.
Blütenstand: Köpfchen 2–6 cm breit, kugelig, meist einzeln und nickend; Hüllblätter mit starren, meist zurückgebogener Stachelspitze.
Blüten: Pappus weisslich; Kronblätter 5, verwachsen, bis 2 cm lang und rot oder purpurn gefärbt; Staubblätter 5; Fruchtknoten unterständig.
Früchte: Achänen blassgrün bis hellgrau, 2–4 mm lang und mit einem langen Pappus.
Standort: Von der kollinen bis in die subalpine Stufe in Magerrasen, bei Schuttstellen, entlang von Wegrändern und an Böschungen auf trockenen, warmen, nährstoff- und stickstoffreichen Lehm- und Tonböden; Pionierpflanze; Kulturbegleiter; Weidenunkraut.

209 Grauer Alpendost – *Adenostyles alliariae* (GOUAN) KERNER

Merkmale: Von Juni bis September blühend, 50–150 cm hoch und mit gerillten Stengeln.
Laubblätter: Herz- oder nierenförmig, lang gestielt, am Spreitengrund meist herzförmig, unregelmässig gezähnt, mit kurzer Spitze, unterseits filzig behaart; Stengelblätter sitzend oder kurz gestielt und mit 2 breiten Zipfeln den Stengel umfassend.
Blütenstand: Schirmförmige, doldenartige und vielköpfige Rispe; Köpfchen 3–6blütig, mit meist bis zu 6 lanzettlichen, 4–6 mm langen und an der Spitze bewimperten Hüllblättern.
Blüten: Nur Röhrenblüten; diese sind zwittrig und mit Pappus versehen; Kronblätter 5, verwachsen, blassrosa bis dunkelrosa gefärbt; Staubblätter 5; Fruchtknoten unterständig.
Früchte: Achänen 2–5 mm lang und mit einem bis 8 mm langen Pappus; Windbestäubung.
Standort: In der montanen und subalpinen Stufe (seltener alpin) in Hochstaudenfluren, Bergmischwäldern und entlang von Bachufern auf sickerfeuchten, nährstoff- und basenreichen, neutralen bis schwach sauren, steinigen und oft kalkarmen Lehmböden; Pflanze ausdauernd.

210 Kahler Alpendost – *Adenostyles glabra* (MILLER) DC.

Merkmale: Von Juni bis August blühend, 30–90 cm hoch, mit knotigem Rhizom und ausdauernd.
Laubblätter: Herz- oder nierenförmig, lang gestielt, am Spreitengrund unregelmässig herzförmig, grob und meist regelmässig gezähnt, unterseits mit nichtfilziger Behaarung und sehr kurz zugespitzt; Stengelblätter immer deutlich gestielt und am Grunde ohne Zipfel.
Blütenstand: Schirmförmige, doldenartige und vielblütige Rispe; Köpfchen meist 3blütig und mit meist 3 lanzettlichen bis ovalen, kahlen, bis 6 mm langen, rötlich gefärbten und am Ende etwas bewimperten Hüllblättern.
Blüten: Nur Röhrenblüten; diese sind zwittrig und mit Pappus versehen; Kronblätter 5, verwachsen und blassrosa bis lila gefärbt; Staubblätter 5; Fruchtknoten unterständig.
Früchte: Achänen 2–3 mm lang und mit einem 3–5 mm langen Pappus; Windverbreitung.
Standort: Meist in der alpinen Stufe in Schutthalden, steinigen Wäldern und steinigen Weiden auf frischen bis feuchten, lockeren und mehr oder weniger feinerdereichen Kalkschuttböden.

211 Alpenlattich – *Homogyne alpina* (L.) CASS.

Merkmale: Von Mai bis Juli blühend, 15–35 cm hoch und ausdauernd.
Laubblätter: Grundständige rundlich bis nierenförmig, lang gestielt, lederig, kahl oder leicht behaart, bis 3 cm im Durchmesser, am Spreitengrund herzförmig, flach gezähnt und mit deutlich sichtbaren Adern; stengelständige Blätter schuppenförmig.
Blütenstand: Stengel einköpfig; Blütenköpfe 1–3 cm lang und mit 10–20 grünlich bis rötlich gefärbten, am Grund wollig behaarten Hüllblättern.
Blüten: Röhrenblüten 6–10 mm lang, rötlich gefärbt, mit einer kahlen Kronröhre aus 5 Kronblättern und purpurnen Zipfeln; Staubblätter 5; Fruchtknoten unterständig und aus 2 Fruchtblättern.
Früchte: Achänen 3–6 mm lang, bis 10rippig und mit einem 6–10 mm langen, weissen Pappus.
Standort: In der subalpinen und alpinen Stufe (seltener kollin) in Fichtenwäldern, Silikatmagerrasen, bei Zwergsträuchern und in tieferen Lagen in sauren Mooren auf frischen bis feuchten, mehr oder weniger basenarmen, modrig torfigen und humosen Böden; Rhizom dünn und wollig behaart.

212 Filzige Klette – *Arctium tomentosum* MILLER

Merkmale: Im August und September blühend, 50–120 cm hoch und 2jährig.
Laubblätter: Breit oval bis herzförmig, bis 45 cm lang, gestielt, stumpf oder kurz zugespitzt, am Spreitengrund meist abgerundet, ganzrandig bis buchtig gezähnt und unterseits spinnwebig behaart.
Blütenstand: Köpfchen in aufrechten oder schräg aufwärts gerichteten Rispen; Hüllblätter dicht spinnwebig behaart; innere Hüllblätter mit langer und roter Spitze.
Blüten: Alle röhrenförmig, zwittrig und an ihrem Boden mit zahlreichen borstenförmigen Spreuschuppen; Pappus weisslich; Kronblätter 5, zu einer langen Röhre`verwachsen, im oberen Bereich 5teilig und meist purpurrot; Staubblätter 5; Fruchtknoten unterständig und aus 2 Fruchtblättern.
Früchte: Achänen schmal eiförmig bis eiförmig, seitlich etwas abgeflacht, kahl und etwas dreikantig.
Standort: Meist in der montanen Stufe in staudenreichen Unkrautfluren, Gebüschen, an Schuttplätzen, entlang von Ufern und Wegen auf mässig trockenen bis frischen Lehm- und Tonböden; mit verholzter Pfahlwurzel.

213 Alpen-Bergscharte – *Stemmacantha rhapontica* (L.) DITTR.
Merkmale: Von Juni bis August blühend, 30–140 cm hoch, mit bis 5 cm dickem Stengel.
Laubblätter: Lanzettlich bis schmal oval, im unteren Drittel am breitesten, langsam zugespitzt, fein und buchtig gezähnt, mit verschmälertem Grund sitzend, oberseits grün mit einzelnen Haaren und unterseits dicht weissfilzig behaart.
Blütenstand: Sehr grosse Einzelköpfe am Ende des Stengels; Hülle bis 10 cm breit und mit zahlreichen braunen, am Rand unregelmässig gefransten Hüllblattanhängseln.
Blüten: Röhrenblüten mit 5 verwachsenen Kronblättern; diese sind rosa bis purpurn gefärbt; mit doppeltem Pappus; Staubblätter 5; Fruchtknoten unterständig.
Früchte: Achänen bis 9 mm lang, zylindrisch, braun gefärbt und mit rötlichen Pappusborsten.
Standort: In der subalpinen Stufe (seltener montan) in feuchten Wiesen, Hochstaudenfluren und bei Gebüschen auf feuchten, nährstoff- und basenreichen, meist kalkhaltigen und tonigen Böden; eine nicht sehr häufig anzutreffende und ausdauernde Alpenpflanze.

214 Kletten-Distel – *Carduus personata* (L.) JACQ.
Merkmale: Von Juni bis August blühend, 40–160 cm hoch, mit dickem Rhizom; Stengel verzweigt.
Laubblätter: Obere schmal eiförmig, lang zugespitzt, buchtig gezähnt, oberseits etwas behaart oder kahl, unterseits nur wenig oder auch dicht graufilzig behaart, am Stengel oft etwas herablaufend; Untere tief fiederteilig, zugespitzt, mit nach vorn gerichteten Zähnen, mit verschmälertem Grund.
Blütenstand: Köpfe am Ende der Stengel aufrecht und knäuelförmig gehäuft; äussere Hüllblätter besonders im oberen Bereich mit nach aussen gebogenen und nicht stechenden Stacheln.
Blüten: Pappus rauh, nicht federig behaart; Kronblätter 5, verwachsen, mit Kronzipfeln, die so lang sind wie die Kronröhre und dunkelrot gefärbt; Staubblätter 5; Fruchtknoten unterständig.
Früchte: Achänen 2–4 mm lang und mit bis 15 mm langem Pappus.
Standort: In der montanen und subalpinen Stufe in Hochstaudenfluren, Erlenwäldern, nassen Wiesen, im Weidengebüsch, auf feuchten Schuttplätzen und entlang von Bächen auf feuchten bis sickernassen, nährstoff- und basenreichen Tonböden.

215 Wiesen-Flockenblume – *Centaurea jacea* L. S.L.
Merkmale: Von Juni bis September blühend, 10–50 cm hoch, mit kantigen Stengeln, ausdauernd.
Laubblätter: Untere lanzettlich bis oval, am Ende stumpf, abgerundet oder nur kurz zugespitzt, in einen kurzen Stiel verschmälert, ganzrandig, fein gezähnt oder besonders im unteren Bereich unregelmässig fiederteilig; obere Stengelblätter lanzettlich bis schmal oval, sitzend und meist zugespitzt.
Blütenstand: Köpfe einzeln am Ende der Zweige; Anhängsel der Hüllblätter bis 4 mm lang, hell- bis dunkelbraun gefärbt und die grünen Bereiche der Hüllblätter meist vollständig überdeckend.
Blüten: Alle röhrenförmig; die Randständigen vergrössert; Kronblätter 5, verwachsen, purpurn gefärbt; Staubblätter 5; Fruchtknoten unterständig; gute Bienenweide, als Früchte finden wir Achänen.
Standort: Von der kollinen bis in die subalpine Stufe in Wiesen, Weiden, Magerrasen, Moorwiesen, auf Schuttplätzen und bei Gebüschen auf mässig trockenen bis feuchten, auch wechselfeuchten, nährstoff- und basenreichen, meist tiefgründigen, humosen, kalkhaltigen und lehmigen Böden.

216 Wollköpfige Kratzdistel – *Cirsium eriophorum* (L.) SCOP.
Merkmale: Von Juli bis September blühend, 40–140 cm hoch, 2jährig, mit dicker Pfahlwurzel.
Laubblätter: Steif, jederseits bis nahe zur Mittelader fiederteilig, oberseits dunkelgrün und rauh behaart, unterseits dicht weiss behaart und die Ränder oft etwas nach unten eingerollt; Abschnitte lanzettlich, in einen langen, stechenden, gelblich gefärbten Stachel endend; Adern deutlich weisslich bis hellgelb gefärbt.
Blütenstand: 4–8 cm breite Köpfchen einzeln am Ende der Stengel; Hülle dicht und weisslich behaart; Hüllblätter mit langen Stacheln.
Blüten: Röhrenblüten; Kronblätter 5, im unteren Teil verwachsen, 2–4 cm lang, purpurn bis rötlichviolett gefärbt; Staubblätter 5; Fruchtknoten unterständig.
Früchte: Achänen 4–6 mm lang, mit strichförmigen Flecken und einem 2–3 cm langen Pappus.
Standort: In der montanen und subalpinen Stufe in staudenreichen Unkrautfluren, entlang von Wegen, auf Schuttplätzen auf mässig trockenen bis frischen, kalkhaltigen, humosen Lehm- / Tonböden.

217 Niedrige Alpenscharte – *Saussurea alpina* ssp. *depressa* (GREN). NYM.
Merkmale: Von Juli bis September blühend, 2–10 cm hoch und mit 3–5 mm dickem Stengel.
Laubblätter: Breit lanzettlich, zugespitzt, meist ganzrandig oder wellig mit einzelnen Zähnen, mit kurzem und breitem Stiel, im oberen Bereich des Stengels nicht viel kleiner als im unteren und die Blütenköpfe meistens umhüllend oder sogar überragend..
Blütenstand: Zu 3–8 Köpfchen in einem dichten, kopfigen, endständigen Gesamtblütenstand, einer Doldentraube.
Blüten: Alle röhrenförmig und violett gefärbt; Kronblätter 5 und verwachsen; Staubblätter 5; Fruchtknoten unterständig.
Früchte: Achänen 4–5 mm lang, mit 10–12 mm langen und federigen Pappusborsten.
Standort: In der alpinen Stufe in Felsspalten, Matten, Zwergstrauchheiden, im Felsschutt, an wind- und schneegefegten Gratlagen auf frischen, basenreichen, modrig humosen und tonigen Steinböden; kälteharte Lichtpflanze; auf Kalk.

218 Echte Alpenscharte – *Saussurea alpina* ssp. *alpina* (L.) DC.
Merkmale: Von Juli bis September blühend, 5–30 cm (selten bis 60 cm) hoch und mit über 3 mm breiten Stengeln, aber dies nur bei grossen Pflanzen.
Laubblätter: Schmal- bis breit lanzettlich, oval oder dreieckig, zugespitzt, in den Stiel verschmälert, ganzrandig oder meist grob buchtig gezähnt, unterseits spinnwebig; obere Blätter viel kleiner als die unteren und den Gesamtblütenstand nicht umhüllend.
Blütenstand: Zu 3–8 Köpfchen in einer etwas lockeren, mehr oder weniger kopfigen und endständigen Doldentraube.
Blüten: Alle röhrenförmig und violett gefärbt; Kronblätter 5 und verwachsen; Staubblätter 5; Fruchtknoten unterständig.
Früchte: Achänen 3–5 mm lang, mit bis 12 mm langen federigen Pappusborsten.
Standort: In der alpinen Stufe (seltener subalpin) in Felsspalten, Matten, Rasen, Zwergstrauchheiden, im Felsschutt, an wind- und schneegefegten Lagen.

219 Gemeine Schafgarbe – *Achillea millefolium* L. AGG.
Merkmale: Von Juni bis Oktober blühend, 15–50 cm hoch, zerstreut behaart und oben verzweigt.
Laubblätter: Lineal lanzettlich oder lanzettlich bis schmal oval, bis zur Mittelader 2–3fach fiederteilig, mit jederseits bis 50 Abschnitten; Abschnitte letzter Ordnung mit schmal lanzettlichen Zipfeln; sterile Blattrosette vorhanden.
Blütenstand: Vielköpfige, doldenartig geformte Traube; Köpfchen mit zahlreichen braun berandeten, dachziegelartig angeordneten, bis 6 mm langen und stumpfen Hüllblättern.
Blüten: Strahlenblüten (= Zungenblüten) hier rosa gefärbt, weiblichen Geschlechts und nach dem Blühen nur wenig nach unten gebogen; Röhrenblüten rosa, zwittrig und ohne Sporn.
Früchte: Achänen bis 2 mm lang, flach eiförmig, ohne gezähnten Rand und ohne Pappusborsten.
Standort: Von der kollinen bis in die subalpine Stufe in Fettwiesen, Weiden, Äckern, Erdanrissen, Wäldern und entlang von Wegen auf mässig trockenen bis frischen, nährstoffreichen, meist sandigen, steinigen oder reinen Lehmböden; Früchte durch Wind und Ameisen verbreitet.

220 Orangerotes Habichtskraut – *Hieracium aurantiacum* L.
Merkmale: Von Juni bis August blühend, 15–40 cm hoch, mit ober- und unterirdischen Ausläufern.
Laubblätter: Lanzettlich bis schmal oval, in den Grund verschmälert, ganzrandig oder mit vereinzelten Zähnen und meist beiderseits kurz behaart.
Blütenstand: 2–12köpfige, oft schirmförmige Rispe; Hüllblätter lanzettlich, mit Stern- und Drüsenhaaren, die bis 3 mm lang, einfach und dunkel gefärbt sind.
Blüten: Nur Strahlenblüten (= Zungenblüten) vorhanden; diese sind gelborange bis bräunlichrot gefärbt; Staubblätter 5; Fruchtknoten unterständig.
Früchte: Achänen bis 2,5 mm lang, dunkel gefärbt und mit einem gelblichweissen Pappus versehen; Windverbreitung und Vermehrung durch Ausläufer.
Standort: In der montanen und subalpinen Stufe in Silikat-Magerrasen, Wildheuhängen auf wechselfrischen bis frischen, kalkarmen, oft etwas sauren und humosen Lehm- und Tonböden; auch als Zierpflanze in Gärten angepflanzt; oft in mageren Parkanlagen und entlang von Wegen verwildert.

221 Federige Flockenblume – *Centaurea nervosa* WILLD.
Merkmale: Im Juli und August blühend, 10–35 cm hoch und ausdauernd.
Laubblätter: Breit lanzettlich bis schmal oval, ganzrandig oder fein buchtig gezähnt, auch bis zur Mitte fiederteilig, lang zugespitzt, im oberen Teil sitzend und im unteren Bereich der Pflanze in einen Stiel verschmälert.
Blütenstand: Am Ende der Zweige einzelne Köpfe; Hüllblätter 1–3 mm breit, gefranst und mit ihren braunen Anhängseln die grünen Teile der Hüllblätter überdeckend.
Blüten: Alle röhrenförmig; die Randständigen grösser als die Inneren; Kronblätter 5, verwachsen und dunkel purpurn gefärbt; Staubblätter 5; Fruchtknoten unterständig.
Früchte: Achänen 2–4 mm lang, graubraun und mit bis 3 mm langen Pappusborsten.
Standort: In der subalpinen Stufe (seltener montan und alpin) in Bergwiesen, Weiden, bei Gebüschen und Wildheuplanken auf mässig feuchten, nährstoff- und basenreichen, meist kalkarmen und humosen Böden.

222 Stengellose Kratzdistel – *Cirsium acaule* SCOP.
Merkmale: Von Juli bis September blühend, 5–20 cm hoch und ausdauernd.
Laubblätter: Schmal oval, bis nahe der Mittelader fiederteilig, steif, mit stachelig gezähnten Abschnitten, auf den Adern etwas behaart und rosettig angeordnet.
Blütenstand: Einzelner, fast ungestielter Blütenkopf; Hüllblätter lanzettlich, grün, kaum stechend und zugespitzt.
Blüten: Alle röhrenförmig; Kronblätter 5, verwachsen, bis 35 mm lang und purpurn gefärbt; Krone im oberen Abschnitt dreiteilig; Staubblätter 5; Fruchtknoten unterständig.
Früchte: Achänen 2–4 mm lang, gelblichbraun gefärbt, ohne Flecken und mit einem 2–3 mm langen Pappus versehen.
Standort: In der montanen und subalpinen Stufe in Magerrasen und Weiden auf mässig trockenen bis wechselfeuchten, meist kalkhaltigen und oft steinigen Lehm- und Tonböden; Tiefwurzler; als Weidepflanze nicht gern gesehen.

223 Alpen-Aster – *Aster alpinus* L.
Merkmale: Von Juni bis August blühend, 5–20 cm hoch und ousdauernd.
Laubblätter: Lanzettlich bis schmal oval, mit der grössten Breite meist im oberen Drittel, ganzrandig, langsam in den Stiel verschmälert, im oberen Teil der Pflanze sitzend und an Ende stumpf oder abgerundet.
Blütenstand: Am Ende der Stengel 3–5 cm breite Einzelköpfchen; Hüllblätter dem Kopf anliegend, am Rande behaart und 6–12 mm lang.
Blüten: Strahlenblüten (= Zungenblüten) lanzettlich, flach, ausgebreitet, einreihig und meist blauviolett; Röhrenblüten gelblich, mit 5 Staubblättern; Fruchtknoten unterständig.
Früchte: Achänen bis 3 mm lang, etwas behaart und mit einem gelblichen Pappus.
Standort: In der subalpinen und alpinen Stufe in sonnigen Steinrasen, Wiesen, Weiden und an Felsbändern auf trockenen bis frischen, meist kalkhaltigen, humosen, flachgründigen und steinigen Lehm- und Tonböden.

224 Gold-Pippau – *Crepis aurea* (L.) CASS.
Merkmale: Von Juni bis August blühend, 5–25 cm hoch und ausdauernd.
Laubblätter: Grundständige lanzettlich bis schmal oval oder schmal verkehrt eiförmig, gezähnt bis fiederteilig, in den geflügelten Stiel verschmälert und kahl; Stengel blattlos oder mit 1–2 kleinen Blättchen.
Blütenstand: Einköpfig; Hülle bis 13 mm lang und schwarz behaart.
Blüten: Nur Zungenblüten vorhanden; diese sind rot bis orangegelb; Staubblätter 5; Fruchtknoten unterständig.
Früchte: Achänen 4–6 mm lang und bis 20rippig; Pappus 5–7 mm lang.
Standort: In der subalpinen und alpinen Stufe in Fettwiesen, Weiden, um Sennhütten, entlang von Wegen, auf Schutt- und Lägerstellen auf frischen, nährstoff-, basen- und stickstoffreichen, neutralen bis schwach sauren, meist entkalkten, humosen und lehmigen Tonböden; guter Nährstoffzeiger; Windverbreitung.

225 Attisches Berufskraut – *Erigeron atticus* VILL.

Merkmale: Von Juli bis September blühend, 15–50 cm hoch, ausdauernd; Stengel kantig.
Laubblätter: Lanzettlich bis schmal oval, ganzrandig, im oberen Bereich meist am breitesten, im unteren Teil in den geflügelten Stiel verschmälert und im oberen Bereich der Pflanze meist sitzend.
Blütenstand: 3–10 Köpfe in einer lockeren und doldenartigen Rispe vereinigt; Hüllblätter lanzettlich, zugespitzt, grünlich und dicht mit Drüsenhaaren besetzt.
Blüten: Strahlenblüten (= Zungenblüten) deutlich aufrecht stehend, 3–6 mm lang und purpurrot gefärbt; innere randständige Blüten mit verkümmerter Zunge und daher als Fadenblüten bezeichnet; Röhrenblüten vor Beginn der Blütezeit bräunlich, später gelb, mit 5 Staubblättern und einem unterständigen Fruchtknoten; Insektenbestäubung.
Früchte: Achänen 2–3 mm lang, behaart und mit einem 4–6 mm langen Pappus; Windverbreitung.
Standort: In der subalpinen Stufe (seltener alpin) auf Moränen, in steinigen Rasen und Wiesen auf meist trockenen, steinigen und oft kalkarmen Böden in wärmeren Lagen.

226 Einköpfiges Berufskraut – *Erigeron uniflorus* L.

Merkmale: Von Juli bis September blühend, 3–10 cm hoch, ausdauernd; Stengel rötlich behaart.
Laubblätter: Grundständige schmal oval oder spatelförmig, stumpf oder abgerundet, oberseits meist kahl, unterseits behaart und am Rand lang bewimpert; stengelständige Blätter sitzend.
Blütenstand: Stengel stets einköpfig; Hüllblätter lanzettlich, bräunlich oder rötlich gefärbt, zugespitzt und dicht weisswollig behaart.
Blüten: Strahlenblüten (= Zungenblüten) ausgebreitet und weiss, lila oder rosa gefärbt; keine Fadenblüten vorhanden; Röhrenblüten gelblich, mit 5 verwachsenen Kronblättern, 5 Staubblättern und einem unterständigen Fruchtknoten; Insektenbestäubung.
Früchte: Achänen 2–3 mm lang, behaart und mit einem 3–5 mm langen Pappus.
Standort: In der alpinen Stufe (seltener subalpin) in Steinrasen und windgepeitschten Gratlagen auf wechseltrockenen bis frischen, basenreichen, meist kalkarmen, humusreichen, neutralen bis schwach sauren, flachgründigen und steinigen Lehm- und Tonböden.

227 Alpen-Klee – *Trifolium alpinum* L.

Merkmale: Von Juni bis August blühend, 5–15 cm hoch, ausdauernd; Rhizom mit braunen Fasern.
Laubblätter: Dreiteilig und gestielt; Teilblätter lineal lanzettlich bis schmal oval, meist zugespitzt, 2–7 cm lang, mehrheitlich ganzrandig, kahl und mit der grössten Breite unterhalb der Mitte.
Blütenstand: Bis 12blütige, lang gestielte und kopfartige Traube, die am Ende der Stengel liegt.
Blüten: Gestielt und duftend; 5 Kelchblätter verwachsen, grünlichweiss gefärbt und kahl; Kelchzipfel sehr schmal dreieckig und kahl; 5 Kronblätter fleischrot und bis 8mal so lang wie die Kelchröhre; Fahne deutlich länger als die Flügel und das Schiffchen; Staubblätter 10; oberster Staubfaden frei, die restlichen miteinander verwachsen; Fruchtknoten oberständig.
Früchte: Einsamige Nüsschen.
Standort: In der subalpinen und alpinen Stufe bei Zwergstrauchbeständen, in Weiden und Magerrasen auf meist trockenen und kalkarmen Böden in sommerwarmer Lage; mehr als 1 Meter tief wurzelnd; eine mittel- und südeuropäische Pflanze.

228 Berg-Spitzkiel, Jacquins Spitzkiel – *Oxytropis jacquinii* BUNGE

Merkmale: Im Juli und August blühend, 5–20 cm hoch und ausdauernd; mit verzweigtem Rhizom.
Laubblätter: Lanzettlich bis schmal oval, unpaarig gefiedert und braun gestielt; Teilblattpaare 13–20 an der Zahl; Teilblätter schmal oval, zugespitzt oder stumpf und zerstreut behaart oder kahl.
Blütenstand: Lang gestielte und kugelige bis eiförmige Traube.
Blüten: Nicht oder nur sehr kurz gestielt; Kelchblätter 5, verwachsen, rötlich gefärbt und mit kurzen schwarzen Haaren versehen; Kelchzähne schmal dreieckig und kürzer als die Kelchröhre; Kronblätter 5, meist purpurviolett gefärbt, bis 1,4 cm lang und in Fahne, Flügel und Schiffchen gegliedert; Schiffchen am vorderen Ende mit einer aufgesetzten Spitze; Fahne viel grösser als Schiffchen und Flügel; Staubblätter 10, nur deren 9 miteinander verwachsen; Fruchtknoten oberständig.
Früchte: Hülsen 2–3 cm lang, zylindrisch, einfächerig und meist dunkel behaart.
Standort: In der alpinen Stufe auf Schutthalden, Graten, im Felsschutt und in Steinrasen auf mässig trockenen und kalkreichen Böden.

229 Berg-Wundklee – *Anthyllis montana* L.

Merkmale: Im Juni und August blühend, 5–20 cm hoch, meist aufsteigend und ausdauernd.
Laubblätter: Schmal oval, unpaarig gefiedert und kurz gestielt; Teilblattpaare 6–13 an der Zahl; Teilblätter schmal oval, kurz zugespitzt, beiderseits meist dichtseidig behaart und bis 1 cm lang.
Blütenstand: Dichtblütige, kopfige und von radiär geteilten Hüllblättern umgebene Traube.
Blüten: Kurz gestielt; Kelchblätter 5, verwachsen, weisslich bis hellgrün gefärbt und dicht behaart; Kelchzähne schmal dreieckig, oft etwas rötlich gefärbt und 3–5 mm lang; Kronblätter 5, hellrot bis purpurn gefärbt und in eine lange Fahne, 2 kleinere Flügel und ein kleines Schiffchen aufgeteilt; Staubblätter 10; Staubfäden meist alle miteinander verwachsen; Fruchtknoten oberständig.
Früchte: Hülsen 3–6 mm lang.
Standort: Von der kollinen bis in die subalpine Stufe im Geröll, auf felsigen Hängen und in trockenen Weiden auf trockenen, steinigen und kalkreichen Böden in wärmerer Lage; eine mittel- und südeuropäische Gebirgspflanze, die bis in die nordspanischen Gebirge und in die Pyrenäen reicht.

230 Hallers Spitzkiel – *Oxytropis halleri* KOCH S.L.

Merkmale: Von April bis Juli blühend, 5–20 cm hoch, ausdauernd und mit deutlich behaartem Stengel versehen.
Laubblätter: Grundständig und unpaarig gefiedert, mit 8–11 Fiederpaaren; Teilblätter lanzettlich, zugespitzt, 1–1,5 cm lang, ungestielt und dicht seidenhaarig.
Blütenstand: 6–16blütige und aufrechte Traube.
Blüten: 1,5–2 cm lang, lila bis violett gefärbt; Deckblätter so lang oder etwas länger als der Kelch; Kelchblätter 5, verwachsen, mit 5 zugespitzten schmalen Zähnen und auf der ganzen Fläche dicht und seidig behaart; Kelchzähne so lang wie die Kelchröhre; Krone in Fahne, Schiffchen und Flügel gegliedert; Schiffchen vorn mit Spitzchen.
Früchte: Hülsen dicht seidenhaarig und blasenartig erweitert.
Standort: In der subalpinen und alpinen Stufe (seltener kollin und montan) in Mager- und Trockenrasen, im Felsschutt und auf Schutthalden auf trockenen Böden; nicht geschlossene Rasen bildend.

231 Feld-Thymian – *Thymus serpyllum* L. AGG.

Merkmale: Von Mai bis Oktober blühend, 5–25 cm hoch, ausdauernd und im unteren Teil verholzt.
Laubblätter: Eiförmig bis rundlich, sitzend oder kurz gestielt, ganzrandig, am Ende stumpf oder abgerundet und mit flachen oder nur wenig nach unten umgebogenem Rand.
Blütenstand: Zahlreiche Scheinquirlen, die am Ende der Triebe zu einem zylindrischen bis kugeligen und traubenförmigen Blütenstand vereinigt sind.
Blüten: Kurz gestielt; Kelchblätter 5, verwachsen; Kelchzipfel zweilippig; Krone 2–6 cm lang, rosa bis purpurn gefärbt (seltener weiss), mit einer 3zähnigen Oberlippe und einer Unterlippe, die 2 lang ausgezogene Zähne aufweist; Staubblätter 4; Fruchtknoten oberständig.
Früchte: Je 4 Zerfallfrüchte.
Standort: Von der kollinen bis in die subalpine Stufe an Rainen, steinigen Hängen, in Rasen, lichten Kiefernwäldern und an Felsen auf trockenen, basenreichen, auch kalkarmen, neutralen und feinerdearmen Sandböden; genaue Verbreitung der einzelnen Sippen noch nicht genau abgeklärt.

232 Alpen-Steinquendel – *Acinos alpinus* (L.) MOENCH

Merkmale: Von Juli bis September blühend, 10–25cm hoch, ausdauernd und mit holzigem Rhizom.
Laubblätter: Elliptisch bis eiförmig, kurz gestielt, ganzrandig oder oft schwach gezähnt, am Rande nicht eingerollt, 10–20 mm lang, am Ende meist stumpf und gegenständig angeordnet.
Blütenstand: Meist 3 Blüten quirlartig in den Achseln der obersten Blätter.
Blüten: Kurz gestielt; Kelch 5teilig, glockenförmig geformt, im unteren Teil bauchig erweitert, meist 13aderig, 4–7 mm lang, hellgrün gefärbt, behaart und mit 5 schmalen, langen Zähnen; Kelchzähne der Unterlippe länger als diejenigen der Oberlippe; Krone 10–20 mm lang und purpurviolett; Staubblätter 4; Fruchtknoten oberständig.
Früchte: Je 4 Zerfallfrüchte.
Standort: Meist in der subalpinen Stufe auf Felsen, in Trockenwiesen, mageren Steinrasen und lichten Föhrenwäldern auf trockenen bis feuchten, steinigen, humosen, meist kalk- und basenreichen Lehm- und Tonböden; eine mittel- und südeuropäische Gebirgspflanze, die bis nach Sizilien reicht.

233 Gestutztes Läusekraut – *Pedicularis recutita* L.

Merkmale: Von Juni bis August blühend, 20–60 cm hoch, unverzweigt, kahl und ausdauernd.
Laubblätter: Stengelständige wechselständig angeordnet; alle bis auf 1–3 mm an die Mittelader heran geteilt, mit breiten tief fiederteiligen Abschnitten und mit 1–3 mm langen gezähnten Zipfeln; die oberen oft violett überlaufen.
Blütenstand: Dichte, endständige Traube.
Blüten: 10–15 mm lang; Kelch kahl, fiederspaltig, mit etwas ungleichen, am Rand bewimperten Zähnen; Krone meist bräunlichrot bis purpurn; Oberlippe der Krone kurz, ungeschnäbelt und ohne Zähne; Unterlippe kürzer als die Oberlippe; untere Tragblätter fiederspaltig.
Früchte: Die Kapseln etwas länger als der Kelch.
Standort: In der subalpinen Stufe (seltener montan und alpin) in feuchten Wiesen, Gebüschen, Hochstaudenfluren, entlang von Bachufern auf sickerfrischen, mehr oder weniger nährstoff- und basenreichen Lehm- und Tonböden; Halbschmarotzer.

234 Quirlblättriges Läusekraut – *Pedicularis verticillata* L.

Merkmale: Von Juni bis August blühend, 5–25 cm hoch, zerstreut behaart und ausdauernd.
Laubblätter: Stengelständige zu 3–4 quirlständig, bis auf die Mittelader fiederteilig, kahl oder behaart, 3–6 cm lang; Abschnitte unregelmässig gezähnt; Blätter im Blütenstand etwas kleiner.
Blütenstand: Dichtblütige Traube.
Blüten: Kelchblätter 5, verwachsen, 4–6 mm lang, am Grunde abgerundet, auf den Adern behaart und mit kurzen Zähnen; Krone 10–18 mm lang und purpurn gefärbt; Unterlippe abstehend und so lang wie die Oberlippe; sie ist helmförmig, am vorderen Rand gestutzt und zahnlos; 4 Staubblätter von der Oberlippe eingeschlossen; die 2 längeren Staubfäden behaart; Fruchtknoten oberständig.
Früchte: Kapseln eiförmig, bis 12 mm lang und mit schief aufgesetzter Spitze.
Standort: In der subalpinen und alpinen Stufe in Wiesen, Weiden, Kalk-Magerrasen und Quellfluren auf frischen bis feuchten, basenreichen, meist kalkhaltigen, neutralen, humosen und steinigen Lehm- und Tonböden; auch auf Sumpfhumus-Böden; Halbschmarotzer; Hummelblume.

235 Kerners Läusekraut – *Pedicularis kerneri* D.T.

Merkmale: Im Juli und August blühend, 5–15 cm hoch, mit liegenden oder aufsteigenden Stengeln und ausdauernd.
Laubblätter: Bis auf die Mittelader fiederteilig, oft etwas behaart und dunkelgrün bis rötlichbraun gefärbt; Abschnitte unregelmässig gezähnt.
Blütenstand: Blüten zu 1–3 am Ende der Triebe angeordnet.
Blüten: Kelchblätter 5, verwachsen, 5–9 mm lang, gegen den Grund zu verschmälert, meist rötlich gefärbt und oft behaart; Krone 15–20 mm lang und dunkelpurpurn; Oberlippe am oberen Ende deutlich gekrümmt und lang ausgezogen; Unterlippe abstehend und kahl; 4 Staubblätter von der Oberlippe eingeschlossen; Fruchtknoten oberständig; Hummelblume.
Früchte: Kapseln eiförmig, mit schief aufgesetzter Spitze und bis 15 mm lang.
Standort: In der alpinen Stufe in Magerrasen, Wiesen, Weiden und im Felsschutt auf frischen, steinigen, kalkarmen, etwas sauren und humosen Böden; Halbschmarotzer.

236 Gemeine Brunelle – *Prunella vulgaris* L.

Merkmale: Von Juni bis September blühend, 5–25 cm hoch und mit oberirdischen Ausläufern.
Laubblätter: Grundständige schmal eiförmig, 10–35 mm lang, ganzrandig oder mit kurzen Zähnen, gestielt; Stengelständige unten gestielt, im oberen Bereich weniger lang gestielt oder sitzend.
Blütenstand: Zusammengesetzt aus zahlreichen, meist 6blütigen und übereinanderliegenden Scheinquirlen.
Blüten: Kelchblätter 5, verwachsen, 5–8 mm lang, unregelmässig zehnaderig und deutlich behaart; Krone 7–16 mm lang, blauviolett bis purpurn gefärbt und mit knieförmig gebogener Kronröhre; Oberlippe aufgerichtet, im oberen Teil abgerundet, ganzrandig und seitlich zusammengedrückt; Staubblätter 4, unter der Oberlippe aufsteigend; Fruchtknoten oberständig.
Früchte: Je 4 eiförmige, oft etwas 3kantige und bis 2 mm lange Zerfallfrüchte.
Standort: Von der kollinen bis in die subalpine Stufe in Wiesen, Weiden, Rasen, lichten Wäldern, entlang von Ufern und Waldwegen auf frischen, nährstoffreichen und neutralen Böden.

237 Berg-Esparsette – *Onobrychis montana* DC.

Merkmale: Im Juli und August blühend, 10–30 cm hoch und ausdauernd.
Laubblätter: Schmal oval bis oval, unpaarig gefiedert und gestielt; Teilblattpaare 5–8; Teilblätter lanzettlich bis schmal oval, anliegend oder kurz gestielt, am oberen Ende zugespitzt, gestutzt oder abgerundet und oft mit einer aufgesetzten Spitze.
Blütenstand: Kurze, dichtblütige und lang gestielte Traube.
Blüten: Meist ungestielt; Kelchblätter 5, verwachsen und grünlich bis rötlich; Kelchzähne 2–3mal so lang wie die Kelchzähne; Krone 10–15 mm lang und purpurrot gefärbt; Schiffchen meist länger als die Fahne; Staubblätter 10; Fruchtknoten oberständig.
Früchte: Hülsen 5–8 mm lang und mit bis 5 mm langen Zähnen.
Standort: In der subalpinen Stufe (seltener montan) in Wiesen, Weiden, Kalkmagerrasen und Steinrasen auf sonnigen, trockenen, basenreichen, humosen und kalkreichen Böden; wertvolle Weidefutterpflanze; Tiefwurzler; Bodenfestiger.

238 Alpen-Süssklee – *Hedysarum hedysaroides* (L.) SCH. u. TH.

Merkmale: Im Juli und August blühend, 10–25 cm hoch und ausdauernd; Pflanze mit unterirdischen Ausläufern.
Laubblätter: Oval bis rechteckig, unpaarig gefiedert und gestielt; Teilblattpaare 5–9; Teilblätter schmal oval, kurz gestielt oder anliegend, 1–3 cm lang und ganzrandig.
Blütenstand: Traube bis 35blütig und meist dunkelrot gestielt.
Blüten: Kurz gestielt und meist etwas nach unten gebogen; Kelchblätter 5, verwachsen, oval, zerstreut behaart und dunkelrot; Krone 1,5–2,5 cm lang und purpurn gefärbt; Schiffchen viel länger als die beiden Flügel und die Fahne; Staubblätter 10; Fruchtknoten oberständig.
Früchte: Gliederhülsen 15–40 cm lang, meist kahl und in einsamige Stücke zerfallend.
Standort: In der subalpinen und alpinen Stufe in Wiesen, Weiden, Wildheuplanken, lückigen Steinrasen, an Felshängen und bei Zwergsträuchern auf frischen, mehr oder weniger nährstoff- und basenreichen Böden.

239 Alpenhelm, Bartschie, Braunhelm – *Bartsia alpina* L.

Merkmale: Von Juni bis August blühend, 10–25 cm hoch und ausdauernd.
Laubblätter: Eiförmig bis oval, sitzend, mit abgerundetem oder herzförmigem Grund, regelmässig gezähnt und zugespitzt; oberseits oft dunkelviolett überlaufen.
Blütenstand: Ungestielte Blüten einzeln in den Achseln der obersten Blätter.
Blüten: Kelchblätter 4, verwachsen, glockenförmig, 5–8 mm lang, mit zahlreichen Drüsenhaaren, hellgrün und mit je einem violetten Zahn; Kronblätter 5, verwachsen, drüsig behaart; 15–25 mm lang; Oberlippe helmförmig, meist ganzrandig und länger als die Unterlippe; 4 Staubblätter in der Krone eingefügt; Fruchtknoten oberständig.
Früchte: Zweiklappig aufspringende, zugespitzte und mehrsamige Kapseln.
Standort: In der subalpinen und alpinen Stufe in Wiesen, Weiden, Quell- und Flachmooren, Steinrasen und Zwergstrauchheiden auf sickerfrischen bis nassen, basenreichen und ziemlich nährstoffreichen Böden.

240 Alpen-Leinkraut – *Linaria alpina* (L.) MILLER

Merkmale: Von Juni bis August blühend, 5–15 cm hoch und meist ausdauernd.
Laubblätter: Schmal lanzettlich, am Ende meist stumpf, etwas fleischig, zu 3–5 quirlständig, bläulich bereift, sitzend; am Ende der Stengel auch wechselständig angeordnet.
Blütenstand: Kurze und wenigblütige Traube am Ende der Stengel.
Blüten: Kelchblätter 5, lanzettlich, grünlich und meist weisslich berandet; Krone lang gespornt, ohne diesen Sporn 8–15 mm lang, meist violett und mit einem orangegelben Gaumen; Oberlippe am Innenrand meist weiss berandet; Unterlippe am Ende nach unten umgebogen; Staubblätter 4, in der Krone eingeschlossen; Fruchtknoten oberständig.
Früchte: Mit 4–10 Zähnen sich öffnende und bis 7 mm lange Kapseln.
Standort: In der alpinen Stufe (hin und wieder herabgeschwemmt) im Felsschutt und Geröll auf frischen, basenreichen, meist kalkhaltigen, beweglichen und feinerdearmen Steinschutt- und Kiesböden; Pflanze oft kriechend.

241 Alpen-Helmkraut – *Scutellaria alpina* L.
Merkmale: Von Juni bis August blühend, 10–25 cm hoch, ausdauernd, mit unterirdischem Stengel.
Laubblätter: Oval bis eiförmig, 2–4 cm lang, kurz gestielt, am Grunde gestutzt oder herzförmig, am Ende stumpf, zerstreut behaart und unregelmässig stumpf gezähnt.
Blütenstand: Blüten in den Winkeln von grünlich bis violett gefärbten Deckblättern in endständigen Scheinähren zusammengefasst.
Blüten: Kelchblätter 5, verwachsen, glockenförmig, zweilippig ausgestaltet, 2–3 mm lang, behaart und mit 3–5 mm langer, rundlicher Schuppe (Scutellum); Krone blauviolett, 20–30 mm lang und mit einer weisslichen bis hellvioletten Unterlippe; 3teilige Oberlippe mit helmförmig gebogenem Mittelabschnitt; Staubblätter 4, unter der Oberlippe aufsteigend; Fruchtknoten oberständig.
Früchte: Zerfallfrüchte 1–2 mm lang und dicht graufilzig.
Standort: Meist in der subalpinen Stufe auf felsigen steinigen Hängen, in lückigen Rasen, auf sommertrockenen, kalkhaltigen und feinerdearmen Böden.

242 Edel-Gamander – *Teucrium chamaedrys* L.
Merkmale: Von Juni bis August blühend, 10–30 cm hoch, ausdauernd; unterer Bereich verholzt.
Laubblätter: Schmal oval bis oval, meist in den Stiel verschmälert, 10–25 mm lang, jederseits unregelmässig grob gezähnt, am Ende abgerundet oder stumpf, meist behaart, oberseits dunkelgrün und unterseits weisslichgrün.
Blütenstand: Blüten einzeln oder zu 2–6 quirlständig in den Achseln der oberen Blätter.
Blüten: Gestielt; Kelchblättern 5, verwachsen, grünlich bis rötlich, 5–8 mm lang, etwas behaart und mit je einem schmal dreieckigen kurz begrannten Zahn; Krone 10–15 mm lang und rosa gefärbt; Oberlippe fehlend; Unterlippe 5teilig und mit einem grossen, ganzrandigen oder etwas gezähnten Mittelabschnitt; 4 Staubblätter aus der Kronröhre herausragend; Fruchtknoten oberständig.
Früchte: Die je 4 Zerfallfrüchte eiförmig bis kugelig, bis 2,5 mm lang und mit geaderter Oberfläche.
Standort: Von der kollinen bis in die subalpine Stufe in Trockenwiesen, lichten Eichen- und Föhrenwäldern auf trockenen bis mässig trockenen, basenreichen, humosen, lockeren und steinigen Böden.

243 Berg-Anemone – *Pulsatilla alpina* RCHB.
Merkmale: Von März bis Mai blühend, 10–30 cm hoch, ausdauernd und zur Fruchtzeit bis 40 cm.
Laubblätter: Grundständige oval bis breit oval, mit 3–6 cm langen Spreiten, lang gestielt und gefiedert; Abschnitte meist doppelt fiederteilig mit lanzettlich geformten Zipfeln; Stengelständige ungestielt, am Grunde verwachsen und mit 10–25 schmalen, 2–3 cm langen Zipfeln.
Blütenstand: Am Ende eines behaarten Blütenstieles grosse Einzelblüte.
Blüten: Perigonblätter 6, braunrot bis dunkelblauviolett gefärbt, zu Beginn der Blütezeit zusammenneigend, später ausgebreitet, behaart und bis 3 cm lang; Staubblätter zahlreich; mehrere Honigblätter vorhanden, die den Staubblättern ähnlich sind; Fruchtknoten zahlreich.
Früchte: Nüsschen.
Standort: In der montanen Stufe (auch kollin, seltener subalpin) in Trockenwiesen, auf extrem trokkenen, gut durchlässigen und meist ohne geschlossene Pflanzendecke versehenen Böden in sonnigen Lagen; eine mittel- und südeuropäische Gebirgspflanze.

244 Hallers Anemone – *Pulsatilla halleri* (ALL.) WILLD.
Merkmale: Von Mai bis Juli blühend, 10–25 cm hoch, ausdauernd, mit zottig behaarten Stengeln.
Laubblätter: Grundständige oval bis breit oval, mit 2–5 cm langer Spreite, seidig glänzend behaart, gestielt, gefiedert, mit fiederschnittigen Abschnitten und diese mit lineal lanzettlichen Zipfeln; Stengelständige ungestielt und mit zahlreichen Zipfeln.
Blütenstand: An dicht beblätterten Blütenstielen endständig angeordnete Einzelblüten.
Blüten: Perigonblätter 5, braunrot bis hellviolett gefärbt, aufrecht, zu Beginn der Blütezeit zusammenneigend, später mehr oder weniger ausgebreitet, oval bis breit oval, behaart und am Ende stumpf oder zugespitzt; Staubblätter zahlreich; mehrere Honigblätter, die den Staubblättern ähnlich sind; Fruchtknoten zahlreich.
Früchte: Nüsschen.
Standort: In der subalpinen und alpinen Stufe im Geröll, in Felsspalten und Weiden mit einer nicht geschlossenen Pflanzendecke auf trockenen, kalkhaltigen, flachgründigen und humosen Böden.

245 Alpen-Ehrenpreis – *Veronica alpina* L.
Merkmale: Im Juli und August blühend, 3–15 cm hoch und ausdauernd.
Laubblätter: Elliptisch, eiförmig bis rundlich, kurz gestielt, 10–25 mm lang, am Ende stumpf oder zugespitzt, ganzrandig oder mit wenigen kurzen Zähnen, kahl oder zerstreut behaart und gegenständig angeordnet.
Blütenstand: Am Ende der Stengel bis 20blütige, kurze und doldenartige Traube.
Blüten: Gestielt und behaart; Kelchblätter meist 5, oval, bräunlichschwarz bis blauschwarz und bewimpert oder auch behaart; Kronblätter 4, oval, 4–7 mm lang und blau; Staubblätter 2; Fruchtknoten aus 2 Fruchtblättern verwachsen und oberständig angeordnet.
Früchte: Vielsamige und fast kugelige Kapseln.
Standort: In der alpinen Stufe in Schneetälchen, Rasen, auf Lägerstellen und im Felsschutt auf schneefeuchten, lange mit Schnee bedeckten, mässig nährstoff- und basenreichen, meist kalkarmen, humosen und steinigen Lehm- und Tonböden.

246 Blattloser Ehrenpreis – *Veronica aphylla* L.
Merkmale: Im Juli bis August blühend, 2–6 cm hoch und ausdauernd.
Laubblätter: Spatelförmig bis breit oval, kurz und breit gestielt, 10–20 mm lang, am Ende abgerundet, fein gezähnt und behaart; meist rosettig angeordnet und nur seltener zusätzlich am Stengel wachsend.
Blütenstand: Aus der obersten Blattachsel entspringende bis 5blütige Traube.
Blüten: Kelchblatter meist 4, schmal oval, dunkelblau bis blauschwarz und behaart; Kronblätter 4, breit oval bis rundlich, 5–8 mm lang, lila bis violett gefärbt und deutlich dunkelviolett geadert; Staubblätter 2; Fruchtknoten aus 2 Fruchtblättern zusammengesetzt und oberständig angeordnet.
Früchte: Vielsamige Kapseln mit scheibenförmigen Samen.
Standort: In der alpinen Stufe (seltener subalpin) in Wiesen, Weiden, Felsspalten, Schneetälchen und im Felsschutt auf frischen bis feuchten, kalkhaltigen, basenreichen, lockeren, humosen und steinigen Lehmböden; ein Wurzelkriecher.

247 Felsen-Ehrenpreis – *Veronica fruticans* JACQ.
Merkmale: Im Juni und Juli blühend, 5–15 cm hoch, ausdauernd, am Grunde verholzt und aufrecht oder aufsteigend.
Laubblätter: Länglich bis oval, meist ungestielt, 15–25 mm lang, am Ende meist abgerundet, gegen den Grund zu etwas verschmälert, ganzrandig oder mit wenigen Kerben versehen, meist kahl und gegenständig angeordnet..
Blütenstand: Am Ende der Zweige bis 10blütige und lockere Traube.
Blüten: Kelchblätter 4, oval und flaumig behaart; Kronblätter 4, breit oval bis rundlich, 4–7 mm lang und dunkelblau; Staubblätter 2; Fruchtknoten oberständig.
Früchte: Vielsamige Kapseln, die bis 9 mm lang sind.
Standort: In der subalpinen und alpinen Stufe in Weiden, steinigen Magerrasen und auf Felsbändern auf trockenen bis mässig frischen, steinigen, oft kalkarmen, humus- und feinerdearmen Steinböden; eine Pionierpflanze.

248 Halbstrauchiger Ehrenpreis – *Veronica fruticulosa* L.
Merkmale: Im Juni und Juli blühend, 10–20 cm hoch, ausdauernd, am Grunde verholzt und aufrecht oder aufsteigend.
Laubblätter: Meist länglich gestaltet, sehr kurz gestielt oder sitzend, 15–25 mm lang, am Ende meist abgerundet, ganzrandig bis schwach gekerbt, mehr oder weniger kahl und gegenständig angeordnet.
Blütenstand: Am Ende der Zweige bis 12blütige und ziemlich dichte Traube.
Blüten: Kelchblälter schmal oval und wie die Blütenstiele drüsig behaart; Kronblätter 4, breit oval bis rundlich, 4–7 mm lang und blassrosa mit dunkleren Adern; Staubblätter 2, Fruchtknoten aus den 2 Fruchtblättern zusammengesetzt und oberständig angeordnet.
Früchte: Vielsamige Kapseln, die bis 7 mm lang sind.
Standort: In der subalpinen Stufe in Felsspalten und Schutthalden auf trockenen bis mässig frischen, lockeren und kalkreichen Schuttböden.

249 Voralpen-Kreuzblume – *Polygala alpestris* RCHB.
Merkmale: Im Juni und Juli blühend, 5–15 cm hoch; Stengel niederliegend und aufsteigend.
Laubblätter: Lanzettlich bis schmal oval, 5–15 cm lang, ganzrandig, sitzend oder kurz gestielt, am Grund keilförmig verschmälert, am Ende stumpf oder zugespitzt; untere wechselständig angeordnet, die oberen nur schwach wechselständig bis gegenständig und meist etwas länger als die unteren.
Blütenstand: Vielblütige Traube.
Blüten: Von den 5 Kelchblättern die 3 äusseren klein, 1–2 mm lang, blaugrün gefärbt, kelchblattartig; die 2 Inneren kronblattartig, schmal oval und 4–6 mm lang; Kronblätter 3 (die seitlichen Kronblätter zurückgebildet), verwachsen, mit 2 freien oberen Zipfeln und einem oft geteilten unteren Zipfel; Staubfäden im unteren Teil zu einer Röhre verwachsen; Fruchtknoten oberständig.
Früchte: Kapseln 3–4 mm lang.
Standort: In der subalpinen Stufe in Wiesen, Weiden, Zwergstrauchgesellschaften und lichten Föhrenwäldern auf trockenen bis mässig frischen Böden.

250 Sumpf-Vergissmeinnicht – *Myosotis scorpioides* L.
Merkmale: Von Mai bis Juli blühend, 10–70 cm hoch, mehrjährig und mit kriechendem Rhizom.
Laubblätter: Lanzettlich bis schmal oval, 3–10 cm lang, sitzend, am Grund oft abgerundet, am Ende stumpf bis zugespitzt und mehr oder weniger dicht und abstehend behaart.
Blütenstand: Verzweigt, rispenartig und stets ohne Blätter.
Blüten: Kelch 5teilig, verwachsen, 2–4 mm lang, anliegend behaart oder kahl, bis 2/3 der Länge hinunter 5teilig und mit 3eckigen Kelchzipfeln; Kronblätter 5, oval bis rundlich, bis 6 mm lang, blau und mit flach ausgebreiteten Zipfeln; Kronröhre mit gelben Schlundschuppen; die 5 Staubblätter in der Kronröhre eingeschlossen; Fruchtknoten aus 2 Fruchtblättern verwachsen und oberständig.
Früchte: Spaltfrucht mit 4 bis 2 mm langen Teilfrüchten.
Standort: Von der kollinen bis in die subalpine Stufe entlang von Ufern, bei Gräben, in Nasswiesen, Mooren und Bruchwäldern auf feuchten bis nassen, nährstoffreichen, humosen und sandigen oder reinen Lehm- und Tonböden.

251 Wald-Vergissmeinnicht – *Myosotis sylvatica* HOFFM.
Merkmale: Von Mai bis Juli blühend, 15–45 cm hoch, ausdauernd; Stengel dicht behaart.
Laubblätter: Die untersten schmal oval bis oval, 4–10 cm lang und gestielt; obere Blätter lanzettlich bis schmal oval, 4–8 cm lang, sitzend, zugespitzt, behaart und wechselständig angeordnet.
Blütenstand: Verzweigt und rispenartig.
Blüten: Kelch 5teilig, verwachsen, bräunlichschwarz gefärbt, mit senkrecht abstehenden und nach rückwärts gerichteten Haaren und mit 5 zugespitzten Abschnitten; Kronblätter 5, verwachsen, blau bis hellviolett; zu Beginn der Kronröhre dunkelgelbe Schlundschuppen; 5 Staubblätter in der Kronröhre eingeschlossen; Fruchtknoten aus 2 Fruchtblättern verwachsen und oberständig angeordnet.
Früchte: Spaltfrucht mit 4 spitzen und bis 1,7 mm langen Teilfrüchten.
Standort: In der montanen und subalpinen Stufe in feuchten Wiesen, Weiden, Hochstaudenfluren, entlang von Wald- und Wegrändern, bei Viehlägerstellen und Waldschlägen auf frischen bis feuchten, nährstoff- und basenreichen, lockeren und humosen Böden.

252 Alpen-Lein – *Linum alpinum* JACQ.
Merkmale: Im Juni und Juli blühend, 10–30 cm hoch, ausdauernd; Stengel aufsteigend / aufrecht.
Laubblätter: Lineal lanzettlich, 10–25 mm lang, mit der grössten Breite unterhalb der Mitte, lang zugespitzt, ganzrandig, kahl, sitzend, bläulichgrün gefärbt und wechselständig angeordnet.
Blütenstand: Blüten in gabelig verzweigten Wickeln.
Blüten: Kelchblätter 5, schmal oval, zugespitzt, ganzrandig, 4–7 mm lang und 3aderig; die 5 Kronblätter verkehrt schmal eiförmig, am Ende abgerundet, oft schwach gefranst, 10–20 mm lang und hellblau; die 5 Staubblätter im unteren Teil verwachsen und am Grund mit 5 Nektardrüsen; Fruchtknoten 5fächerig, oberständig und mit 5 Griffeln.
Früchte: Samen ausschleudernde und bis 8 mm lange Kapseln.
Standort: In der subalpinen Stufe (seltener montan und alpin) in ungedüngten Wiesen, Steppenrasen und Trockenwäldern auf trockenen, neutralen, kalkreichen, humosen und lockeren Sand- und Steinböden in sonnigen Lagen.

253 Glänzende Skabiose – *Scabiosa lucida* VILL.

Merkmale: Im Juli und August blühend, 10–30 cm hoch und ausdauernd.
Laubblätter: Grundständige und unterste Stengelblätter schmal oval, lang gestielt, gezähnt, am Ende stumpf oder zugespitzt, am Rand und auf den Adern etwas behaart und kahl; mittlere und obere Stengelblätter verschiedenartig gefiedert.
Blütenstand: Endständiges, flaches und bis 4 cm breites Köpfchen.
Blüten: Aussenkelch 1–2 mm lang, häutig und undeutlich gezähnt; Kelchborsten 4 bis 8 mm lang, auf der Innenseite mit einer kielartigen Ader und meist dunkel gefärbt; Kronblätter 5, röhrig verwachsen, 5zipflig und rot- bis blauviolett; Staubblätter 4; Fruchtknoten aus 2 Fruchtblättern verwachsen und unterständig angeordnet.
Früchte: Nüsschen zylindrisch und mit 8 Furchen versehen.
Standort: In der subalpinen und alpinen Stufe in Bergwiesen, Weiden, grasigen Hängen und bei Schutthalden auf mässig frischen und nährstoffreichen Böden.

254 Alpen-Vergissmeinnicht – *Myosotis alpestris* SCHMIDT

Merkmale: Im Juni und Juli blühend, 5–15 cm hoch, ausdauernd, meist mehrstengelig und mit oft hakig gekrümmten Haaren.
Laubblätter: Grundständige gestielt oder sitzend; obere Stengelblätter sitzend, linealisch bis eiförmig, rauhhaarig; untere länglich bis verkehrt eiförmig und in einen langen Stiel verschmälert.
Blütenstand: Sehr dichter und kurzer Wickel.
Blüten: Kelch 5teilig, im unteren Teil verwachsen und stets dicht behaart; Kronblätter 5, verwachsen, 5–7 mm im Durchmesser, leuchtend himmelblau, etwas wohlriechend und am Schlundeingang mit gelben Schuppen; Staubblätter 5, in der Kronröhre eingeschlossen; Fruchtknoten aus 2 Fruchtblättern verwachsen und oberständig angeordnet.
Früchte: Spaltfrüchte bis 2,5 mm lang und schwärzlich glänzend.
Standort: In der subalpinen und alpinen Stufe in Steinrasen, Wildheuplanken, Staudenfluren und im Steinschutt auf frischen, humosen, nährstoff- und kalkreichen Lehm- und Tonböden; Falterblume.

255 Langsporniges Stiefmütterchen – *Viola calcarata* L.

Merkmale: Von Juni bis August blühend, 4–15 cm hoch und ausdauernd; mit den Ausläufern den Boden festigend; Pflanze mit unterirdisch kriechenden Stengeln.
Laubblätter: Lanzettlich bis eiförmig, am Ende stumpf oder abgerundet, gestielt, mit gekerbtem Rand und meist grundständig; Nebenblätter bis halb so lang wie die Laubblätter, fiederteilig, gezähnt oder ganzrandig und oft mit jederseits 2 Zipfeln.
Blütenstand: Blüten einzeln an langen und kahlen Stielen.
Blüten: Kelchblätter 5, zugespitzt und kahl; Kronblätter 5, nicht verwachsen und violett; unterstes Kronblatt mit einem Sporn; Staubblätter 5; Fruchtknoten oberständig.
Früchte: Dreiklappig aufspringende Kapseln.
Standort: In der subalpinen und alpinen Stufe in Weiden, Schuttfluren, Magerrasen und Schneerunsen auf ziemlich lange mit Schnee bedeckten, feuchten, neutralen, humosen, feinerdereichen, nährstoff- und basenreichen Schuttböden.

256 Koch`scher Enzian – *Gentiana acaulis* L.

Merkmale: Von Mai bis August blühend, 5–10 cm hoch und ausdauernd.
Laubblätter: In der Rosette elliptisch, eiförmig oder verkehrt eiförmig, in den kurzen Stiel verschmälert, am Ende stumpf oder zugespitzt, ganzrandig, mit glatter Oberfläche und bis 10 cm lang; Stengelblätter lanzettlich, zugespitzt und viel kürzer.
Blütenstand: Gestielte Einzelblüten am Ende der Stengel.
Blüten: Kelchblätter 5, verwachsen, oft bis zur Hälfte 5teilig und mit kurz zugespitzten Zipfeln; Kronblätter 5, verwachsen, eng glockenförmig, 3–7 cm lang, mit ausgebreiteten Zipfeln und meist dunkelblau; in der Kronröhre olivgrüne Längsstreifen; Staubblätter 5; Staubbeutel zu einer Röhre verklebt; Fruchtknoten oberständig.
Früchte: Mehrsamige und wandspaltige Kapseln.
Standort: In der subalpinen und alpinen Stufe in Weiden und mageren Rasen auf frischen bis feuchten, kalkarmen, etwas sauren, oft torfigen und humosen Böden.

257 Wald-Witwenblume – *Knautia dipsacifolia* KREUZER
Merkmale: Von Juni bis September blühend, ausdauernd und mit einem langen Rhizom versehen.
Laubblätter: Untere breit lanzettlich bis elliptisch, meist stumpf gezähnt, gestielt, rauhhaarig, am Rand fein bewimpert und zugespitzt; mittlere und obere Blätter breit lanzettlich bis oval, stumpf gezähnt bis grob gekerbt, sitzend, behaart bis kahl und zugespitzt.
Blütenstand: Blüten in flachen Köpfchen; äussere Hüllblätter in mehreren Reihen angeordnet, lanzettlich bis oval, stumpf, behaart bis kahl und zugespitzt.
Blüten: Kelch am Grund mit feinen Haaren; Kelchborsten 2–3 mm lang und in je ein feines Haar ausgezogen; Kronblätter 4, röhrig verwachsen, vierzipflig und meist violett gefärbt; die 4 Staubblätter in der Kronröhre angewachsen; Fruchtknoten unterständig und einfächerig.
Früchte: Nüsse 5–7 mm lang, behaart und an der Basis mit einem Anhängsel für Ameisen.
Standort: In der montanen und subalpinen Stufe (seltener kollin) in Hochstaudenfluren, Bergfettwiesen und entlang von schattigen Wäldern auf frischen bis ziemlich feuchten Lehm- oder Tonböden.

258 Alpen-Mannstreu – *Eryngium alpinum* L.
Merkmale: Von Juli bis September bühend, 30–70 cm hoch, ausdauernd, mit verzweigtem Stengel.
Laubblätter: Grundständige lang gestielt, ungeteilt, dreieckig bis oval, am Grunde tief herzförmig, am Ende oft unregelmässig eingeschnitten und mit kurz begrannten Zähnen; stengelständige Blätter sitzend oder kurz gestielt, tief eingeschnitten bis geteilt und mit begrannten Zähnen.
Blütenstand: Blaue Hochblätter fiederteilig, mit lang begrannten Abschnitten und die zylindrischen Köpfchen überragend.
Blüten: 5 Kelchzipfel mit ihren Grannen 2–4 mm lang; Kronblätter 5, kleiner als die Kelchblätter; Staubblätter 5; Fruchtknoten unterständig.
Früchte: Spaltfrüchte in 2 einsamige Teilfrüchte zerfallend; diese mit runzeliger Oberfläche und undeutlichen schuppentragenden Längsrippen versehen.
Standort: In der subalpinen Stufe in Hochstaudenfluren, an Wildheuhängen und in Grashalden auf frischen bis feuchten, nährstoffreichen, oft kalkhaltigen Tonböden; auch in Gärten angepflanzt.

259 Alpen-Enzian – *Gentiana alpina* VILL.
Merkmale: Im Juni und Juli blühend, 3–10 cm hoch und von gedrungenem Wuchs.
Laubblätter: Rosettenblätter 1–2,5 cm lang, breit oval bis rundlich, nur wenig länger als breit, am Ende stumpf oder zugespitzt, deutlich lederig, etwas steif und getrocknet mit runzeliger Oberhaut.
Blütenstand: Am Ende des Stengels bis 3 cm lange Einzelblüte.
Blüten: Bis 3 cm lang, kurz gestielt; Kelchzähne oberhalb der weissen Verbindungshaut 1–2mal so lang wie breit, kurz zugespitzt, am Rand von Papilllen etwas rauh und etwas abstehend; Verbindungshaut deutlich sichtbar, etwa 1/4 so lang wie die Kelchzipfel; Kronblätter 5, tiefblau, seltener schmutzigviolett, mit innerseits olivgrünen Streifen; Staubblätter so viele wie Kronzipfel (4 oder 5), in der Kronröhre angewachsen; Fruchtknoten oberständig, aus 2 Fruchtblättern verwachsen.
Früchte: An den Rändern der Fruchtblätter aufspringende Kapseln.
Standort: In der alpinen Stufe in Rasen, Felsen, Weiden auf trockenen, humosen und kalkarmen Böden (auf Urgestein).

260 Clusius` Enzian – *Gentiana clusii* PERR. ET SONG.
Merkmale: Von Mai bis August blühend, 4–10 cm hoch und unverzweigt.
Laubblätter: Grundständige in einer Rosette vereinigt, bis 5 cm lang, breit lanzettlich, zugespitzt; Stengelblätter etwas kleiner ausgebildet.
Blütenstand: Am Ende kurzer Stengel Einzelblüten.
Blüten: 4–6 cm lang; Kelchzähne etwa 1/2 so lang wie die Kelchröhre, dreieckig, zugespitzt, am Rand von feinen Papillen rauh; Buchten zwischen den Kelchzähnen eng; Verbindungshaut undeutlich ausgebildet; Krone glockenförmig, mit 5 breiten Zipfeln, dunkelblau und im Innern ohne grünliche Streifen; Staubblätter 5, in der Kronröhre angewachsen; Fruchtknoten oberständig.
Früchte: An den Rändern der Fruchtblätter aufspringende Kapseln.
Standort: In der subalpinen und alpinen Stufe (seltener montan) in Kalk-Magerrasen, mageren Weiden, auch in Quellmooren auf frischen, basenreichen, meist kalkhaltigen, modrig humosen, steinigen oder reinen Lehm- und Tonböden; auch auf Torfböden; Hummelblume.

261 Schwalbenwurz-Enzian – *Gentiana asclepiadea* L.

Merkmale: Von August bis Oktober blühend, 30–80 cm hoch, ausdauernd und ohne Rosette.
Laubblätter: Lanzettlich bis schmal oval, am Grunde gestutzt oder abgerundet, sitzend, am Ende langsam in eine stumpfe Spitze auslaufend, ganzrandig, 3–8 cm lang und meist deutlich 5aderig.
Blütenstand: Beinahe ungestielte Blüten zu 1–3 in den Achseln der oberen Laubblätter.
Blüten: Kelchblätter 5, röhrenförmig verwachsen, rötlichbraun und dunkelgrün gefärbt, mit je einem kurzen, spitzen und schmal lanzettlichen Zipfel; Kronblätter 5, verwachsen, eng glockenförmig und mit ausgebreiteten Zipfeln; in der Kronröhre mit rotviolett bis schwarz punktierten und hellen Längsstreifen; Staubblätter 5; Staubbeutel zu einer Röhre verklebt; Fruchtknoten oberständig, aus 2 Fruchtblättern verwachsen.
Früchte: Mehrsamige und wandspaltige Kapseln.
Standort: Von der kollinen bis in die subalpine Stufe in feuchten Waldhängen, Gebüschen, nassen Wiesen und Bergmischwäldern auf frischen bis feuchten und kalkhaltigen Böden.

262 Feld-Enzian – *Gentiana campestris* BÖRNER

Merkmale: Von Juni bis Oktober blühend, 5–20 cm hoch, meist 2jährig, mit einer Pfahlwurzel.
Laubblätter: Grundständige schmal oval bis spatelförmig, meist im vorderen Drittel am breitesten, sitzend, am Ende meist stumpf, ganzrandig, in einer Rosette und zur Blütezeit oft schon abgestorben; am Stengel viele gegenständig angeordnete Blätter vorhanden.
Blütenstand: Gestielte Blüten in den Achseln der Blätter und traubenförmig gehäuft.
Blüten: Kelch bis nahe zum Grund vierteilig und hellgrün; die äusseren 2 Kelchzipfel breit lanzettlich und zugespitzt; die beiden inneren Zipfel schmal lanzettlich; Kronblätter 4 oder 5, verwachsen, violett gefärbt und mit je einem 3–6 mm langen, meist ausgebreiteten Zipfel; Schlund der Röhre bärtig; Staubblätter 4 oder 5; Fruchtknoten oberständig.
Früchte: Kurz gestielte und mehrsamige Kapseln.
Standort: In der montanen und subalpinen Stufe in mageren Weiden, Magerwiesen, entlang von Wegen auf trockenen bis frischen, mässig nährstoff- und basenreichen Böden.

263 Kurzblättriger Enzian – *Gentiana brachyphylla* VILL.

Merkmale: Von Juni bis August blühend, 2–10 cm hoch, ausdauernd und mit einem dünnen Rhizom.
Laubblätter: Grundständige in einer Rosette, rhombisch, breit oval bis rundlich, mit verbreitertem Grund sitzend, meist zugespitzt, ganzrandig, bis 10 mm lang und weich, Stengelblätter kleiner.
Blütenstand: Einzelblüte am Ende eines 4kantigen Stengels.
Blüten: Kelchblätter 5, verwachsen, ohne oder nur mit schmal geflügelten Kanten, hell- bis mittelgrün gefärbt und mit je einem schmal lanzettlichen bis lanzettlichen Zipfel; Kronblätter 5, verwachsen und tiefblau; Kronröhre 15–22 mm lang; Kronzipfel meist schmal oval und ausserseits etwas grünlich bis weisslich; Staubblätter 5; Staubbeutel frei; Fruchtknoten oberständig und aus 2 Fruchtblättern. verwachsen.
Früchte: Mehrsamige und fachspaltige Kapseln.
Standort: In der alpinen Stufe in Rasen, Felsen, an steinigen Hängen und im Felsschutt auf frischen, basenreichen, kalkarmen und neutralen bis schwach sauren Feinschuttböden.

264 Schmalblättriger Enzian – *Gentiana angustifolia* VILL.

Merkmale: Von Juni bis August blühend, 3–10 cm hoch, ausdauernd und mit einem kurzem Rhizom versehen.
Laubblätter: Rosettenblätter 2,5–5,5 cm lang, lanzettlich bis schmal oval, oft bis 6mal länger als breit, am Ende stumpf oder zugespitzt, etwas steif, in getrocknetem Zustand mit runzeliger Oberhaut.
Blütenstand: Einzelblüte am Ende eines kurzen Stengels.
Blüten: Kelchblätter 5, verwachsen; Kelchzipfel oberhalb der weissen Verbindungshaut beinahe so breit wie lang, mit feiner aufgesetzter Spitze, etwas abstehend und am Rand von Papillen rauh; Verbindungshaut deutlich sichtbar; Kronblätter 5, verwachsen, im Innern mit olivgrünen Längsstreifen; Staubblätter 5; Fruchtknoten oberständig und aus 2 Fruchtblättern verwachsen.
Früchte: Mehrsamige und fachspaltige Kapseln.
Standort: In der subalpinen und alpinen Stufe (seltener montan) in mageren Wiesen, Weiden und Rasen auf trockenen und kalkreichen Böden.

265 Frühlings-Enzian – *Gentiana verna* L.

Merkmale: Von April bis Juni blühend, 2–8 cm hoch und ausdauernd.
Laubblätter: Grundständige in einer Rosette, schmal oval bis oval, mit verbreitertem Grund sitzend, am Ende abgerundet, stumpf oder zugespitzt, ganzrandig, 10–30 mm lang, matt und weich anzufühlen; Stengelblätter meist lanzettlich, zugespitzt und kürzer.
Blütenstand: Einzelblüte am Ende eines vierkantigen Stengels.
Blüten: Kelchblätter 5, verwachsen, mit geflügelten Kanten und mit je einem lanzettlichen Zipfel; Kronblätter 5, verwachsen und dunkelazurblau gefärbt; Staubblätter 5; Staubbeutel frei; Fruchtknoten oberständig und aus 2 Fruchtblättern verwachsen.
Früchte: Mehrsamige und fachspaltige Kapseln.
Standort: Von der montanen bis in die alpine Stufe in Weiden, Flach- und Quellmooren, Kalkmagerrasen und subalpinen Steinrasen auf mässig trockenen bis frischen, meist kalkreichen, neutralen, humosen und oft steinigen Lehm- und Tonböden.

266 Bärtige Glockenblume – *Campanula barbata* L.

Merkmale: Im Juli und August blühend, 10–35 cm hoch und ausdauernd; Pflanze mit rauhhaarigen Stengeln.
Laubblätter: Lanzettlich bis schmal oval, sitzend, gegen den Grund zu allmählich verschmälert, am Ende meist stumpf und ganzrandig oder fein gezähnt.
Blütenstand: Kurz gestielte Blüten in einer wenigblütigen und einseitswendigen Traube.
Blüten: Zuerst aufrecht, später nickend; Kelchblätter 5, im unteren Teil verwachsen, rauhhaarig und mit je einem schmal dreieckigen Zipfel; Kronblätter 5, hellblau bis blau und 15–30 mm lang; Kronröhre glockenförmig; Zipfel zurückgeschlagen und innerseits mehrheitlich bärtig behaart; Staubblätter 5; Fruchtknoten unterständig.
Früchte: Behaarte und nach unten gebogene Kapseln sich mit 3 Löchern öffnend.
Standort: Von der montanen bis in die alpine Stufe in Weiden, Magerrasen, lichten Wäldern auf frischen, basenreichen, auch etwas sauren und mageren Lehm- und Tonböden.

267 Rundköpfige Rapunzel – *Phyteuma orbiculare* L.

Merkmale: Von Mai bis Juli blühend, 10–35 cm hoch und ausdauernd.
Laubblätter: Grundständige lanzettlich bis oval, gestielt, am Spreitengrund herzförmig oder abgerundet, am Ende stumpflich oder spitz, fein gezähnt und kahl oder etwas behaart; stengelständige Blätter etwas schmäler und besonders im oberen Bereich sitzend.
Blütenstand: 20–30blütiges Köpfchen mit ganzrandigen Hüllblättern.
Blüten: Die 5 Kelchzipfel schmal lanzettlich und 2–3 mm lang; Kronblätter 5, anfangs am Grund und an der Spitze verwachsen, 10–15 mm lang und dunkelblau gefärbt; Staubblätter 5 und frei; Fruchtknoten unterständig und aus 3 Fruchtblättern verwachsen.
Früchte: Mit Löchern sich öffnende Kapseln.
Standort: In der montanen und subalpinen Stufe in mageren Wiesen, Weiden, lichten Wäldern und Moorwiesen auf frischen, mageren, meist kalkhaltigen, humosen, neutralen und steinigen oder reinen Lehm- und Tonböden.

268 Alpen-Tragant – *Astragalus alpinus* L.

Merkmale: Von Juni bis August blühend, 5–15 cm hoch, mit holzigem Rhizom und ausdauernd.
Laubblätter: Unpaarig gefiedert, lang gestielt und mit 8–12 Paaren von Fiederblättern; Fiederblätter schmal oval, mit hellgrünem und kurzem Stiel, am Ende stumpf oder auch abgerundet und behaart oder kahl.
Blütenstand: Ovale bis rundliche, gestielte und vielblütige Traube.
Blüten: Kelchblätter 5, verwachsen, oft etwas rötlich überlaufen und mit je einem dunkelgrün berandeten und spitzen Zipfel; Kronblätter 5, bläulichweiss und in Schiffchen, Fahne und 2 Flügel gegliedert; Staubblätter 10; Fruchtknoten oberständig.
Früchte: Hülsen 10–15 mm lang, dicht anliegend dunkel behaart und zwischen den Samen nicht eingeschnürt.
Standort: In der subalpinen und alpinen Stufe in Wiesen, Weiden und Steinrasen auf mässig trockenen bis frischen, kalkreichen, neutralen, humosen und tonigen Steinböden.

269 Niedliche Glockenblume – *Campanula cochleariifolia* LM.
Merkmale: Von Juni bis August blühend, 5–15 cm hoch, ausdauernd.
Laubblätter: Stengelständige im unteren Teil lanzettlich, meist zugespitzt, grob gezähnt, gestielt, dicht stehend; mittlere und obere Blätter lanzettlich bis schmal oval, zugespitzt, deutlich gestielt.
Blütenstand: Nickende Blüten einzeln oder in einer wenigblütigen Traube.
Blüten: Kelchblätter 5, schmal lanzettlich und fein zugespitzt; Kronblätter 5, verwachsen, glockenförmig, 10–20 mm lang und hell- bis blaulila gefärbt; Kronzipfel breit dreieckig und kurz zugespitzt; Staubblätter 5, weiss gefärbt und am Grund den Griffel ringförmig umschliessend; Fruchtknoten unterständig.
Früchte: Kapseln, die sich seitlich mit 3 Löchern öffnen.
Standort: Von der montanen bis in die alpine Stufe in Geröll- und Schutthalden, Felsspalten und im Geschiebe der Alpenflüsse auf feuchten, meist kalkhaltigen und mehr oder weniger feinerdereichen Steinschutt- und Felsböden; Pflanze mit meist bogig aufsteigendem Stengel.

270 Rautenblättrige Glockenblume – *Campanula rhomboidalis* L.
Merkmale: Von Juni bis August blühend, 20–60 cm hoch, ausdauernd und am Stengel meist zerstreut behaart.
Laubblätter: Grundständige zur Blütezeit nicht mehr vorhanden; stengelständige Blätter breit lanzettlich bis oval, sitzend oder kurz gestielt, am Ende zugespitzt, gezähnt, je nach Standort weniger dicht oder dicht beblättert und beiderseits behaart.
Blütenstand: Nickende Blüten in einer meist einseitswendigen Traube.
Blüten: Kelchblätter 5, im unteren Teil verwachsen und mit je einem lang zugespitzten Zipfel; Buchten zwischen den Zipfeln stumpf; Kronblätter 5, verwachsen, weit glockenförmig, bis 2 cm lang und blauviolett gefärbt; Fruchtknoten unterständig.
Früchte: Kapseln nickend, kahl und in der Nähe des Grundes sich mit 3 Löchern öffnend.
Standort: In der montanen und subalpinen Stufe in Fettwiesen, Weiden und zwischen Felsbrocken auf frischen bis ziemlich feuchten, nährstoffreichen, meist kalkhaltigen und lehmigen Böden.

271 Ausgeschnittene Glockenblume – *Campanula excisa* MURITH
Merkmale: Im Juli und August blühend, 5–20 cm hoch, bogig aufsteigend, oft mehrstengelig, unverzweigt, im unteren Bereich zerstreut abstehend behaart und ausdauernd.
Laubblätter: Grundständige herzförmig, gestielt, gezähnt und zur Blütezeit nicht mehr vorhanden; Stengelständige lineal bis schmal lanzettlich und wechselständig angeordnet; Tragblätter kürzer als die Blütenstiele.
Blütenstand: Am Ende der Stengel meist Einzelblüten oder diese vereinzelt in einer lockeren Traube vereinigt; Blüten oft nickend.
Blüten: Kelchblätter 5; Kronblätter 5, hell violettblau, eine enge Glocke bildend, bis 2,5 cm lang, beinahe bis zur Hälfte geteilt; Zipfel am Grunde zusammengezogen; Buchten rund ausgeschnitten.
Früchte: Kapseln nickend, kahl, nahe dem Grunde sich mit 3 Löchern öffnend.
Standort: In der subalpinen und alpinen Stufe (seltener montan) in Felsspalten, im Felsschutt auf Silikatgestein lockere Rasen bildend.

272 Scheuchzers Glockenblume – *Campanula scheuchzeri* VILL.
Merkmale: Im Juli und August blühend, 5–40 cm hoch; Pflanze ohne sterile Blattrosette; mit dünnem Rhizom
Laubblätter: Untere schmal bis breit lanzettlich, meist ganzrandig, beiderseits verschmälert, kaum gestielt, kahl oder mit kurzen Haaren; obere schmal lineal und ungestielt.
Blütenstand: Blüten einzeln, endständig oder in einer wenigblütigen, lockeren Traube aufrecht oder auch nickend.
Blüten: Blütenknospen nickend; Kelchblätter 5, mit aufrechten oder abstehenden Zipfeln; Krone zwischen 2 und 3,5 cm lang, glockenförmig und blauviolett; Staubblätter 5; Fruchtknoten unterständig und dreifächerig.
Früchte: Kapseln sich seitlich mit 3 Löchern öffnend.
Standort: In der subalpinen und alpinen Stufe (seltener montan) in Magerrasen und Steinrasen auf frischen, meist basenreichen, vorwiegend mageren, modrig humosen Lehmböden; Wurzelkriecher.

273 Breitblättrige Glockenblume – *Campanula latifolia* L.
Merkmale: Von Juni bis August blühend, 50–150 cm hoch, mit rundem und gerilltem Stengel.
Laubblätter: Beiderseits zerstreut kurzhaarig, ungleich und doppelt gezähnt; Grundständige und untere Stengelblätter lanzettlich bis oval, mit kurz gestielten und geflügelten Stielen, am Grunde meist abgerundet und über 2 cm breit; obere Stengelblätter sitzend und lanzettlich bis oval.
Blütenstand: Gestielte Blüten in beblätterten Trauben.
Blüten: Kelchblätter 5, bis nahe zum Fruchtknoten frei, nicht zurückgebogen, lanzettlich und breiter als 2 mm; Kronblätter 5, trichter- bis glockenförmig, 4–6 mm lang, blauviolett oder seltener weiss; Zipfel am Rande und innen zerstreut und lang behaart; Staubblätter 5; Fruchtknoten unterständig.
Früchte: Kapseln nickend, kahl und sich am Grunde mit 3 Löchern öffnend.
Standort: In der montanen und subalpinen Stufe in staudenreichen Bergmisch- und Schluchtwäldern, Hochstaudenfluren, bei Gebüschen auf sickerfrischen, nährstoff- und basenreichen, lockeren, humosen, meist steinigen Lehmböden in humider Klimalage; Tiefwurzler; auch in Gärten angepflanzt.

274 Himmelsleiter – *Polemonium coeruleum* L.
Merkmale: Von Juni bis August blühend, 30–100 cm hoch, ausdauernd, mit horizontalem Rhizom.
Laubblätter: Oval, gestielt, unpaarig gefiedert, im unteren Bereich der Pflanze bis 15 cm lang und wechselständig angeordnet; Teilblätter lanzettlich, jederseits 4–15 an der Zahl und 1–2 cm lang.
Blütenstand: 10–20 cm lange Rispe.
Blüten: Kelchblätter 5, nur im unteren Teil verwachsen, grün und drüsig behaart; Kronblätter 5, verwachsen, mit ovalen Zipfeln, 15–20 mm lang und meist leuchtend blau gefärbt; alle 5 Staubblätter am oberen Rand der kurzen Kronröhre angewachsen; Fruchtknoten oberständig und aus 3 Fruchtblättern verwachsen.
Früchte: Dreifächerige und vielsamige Kapseln.
Standort: In der montanen und subalpinen Stufe entlang von Wegen, bei Mauern, in Hochstaudenfluren, Gebüschen und Hecken auf frischen bis feuchten, nährstoff- und basenreichen, meist kalkhaltigen, auch humosen und steinigen oder reinen Lehm- und Tonböden.

275 Grosses Alpenglöckchen – *Soldanella alpina* L.
Merkmale: Von Mai bis Juli blühend, 5–15 cm hoch, ausdauernd und mit kurzem Rhizom.
Laubblätter: Alle grundständig, nierenförmig bis rundlich, mit langen drüsigen Stielen, am Ende breit abgerundet, mit flachem Rand und lederig anzufühlen; Spreite bis 35 mm breit.
Blütenstand: Unbeblätterte Stengel 2–3blütig.
Blüten: Kelchblätter 5, verwachsen, rötlichbraun gefärbt und mit je einem schmal lanzettlichen Zipfel; Kronblätter 5, im unteren Teil verwachsen, trichterförmig, 7–15 mm lang, blauviolett und mit fran-senartig zerschlitzten Zipfeln; die 5 Staubblätter im unteren Drittel angewachsen; Staubfäden kürzer als die Staubbeutel; Fruchtknoten oberständig.
Früchte: Kapseln 10–15 mm lang und sich mit 10 Zähnen öffnend.
Standort: In der subalpinen und alpinen Stufe in Schneetälchen, Mulden, feuchten Wiesen, Weiden, lichten Wäldern und Rieselfluren auf sickerfeuchten, kühlen, mehr oder weniger nährstoff- und basenreichen Böden.

276 Kleines Alpenglöckchen – *Soldanella pusilla* BAUMG.
Merkmale: Von Juni bis August blühend, 4–9 cm hoch; Blatt- und Blütenstiele mit einzelnen ungestielten Drüsen versehen.
Laubblätter: Lang gestielt; Spreite weniger als 1 cm breit, flach, an der Basis nierenförmig.
Blütenstand: Stengel 1–2blütig.
Blüten: Krone eng glockenförmig, 10–15 mm lang, etwas eingeschnitten, lila bis hellviolett gefärbt, seltener weiss; ohne Schuppen zwischen den Ansatzstellen der 5 Staubblätter; Staubbeutel am Ende ohne Fortsatz; Fruchtknoten oberständig.
Früchte: Kapseln 10–15 mm lang und sich mit 5 Zähnen öffnend.
Standort: In der subalpinen und alpinen Stufe meist gesellig in Schneetälchen oder schneefeuchten Magerrasen auf feuchten, nährstoffreichen, kalkarmen, neutralen bis mässig sauren, humosen, steinigen oder reinen Lehm- und Tonböden.; oft mit den Blüten den Schnee durchdringend.; Lichtpflanze; Bestäubung durch Insekten, insbesondere durch Bienen.

277 Betonienblättrige Rapunzel – *Phyteuma betonicifolium* VILL.

Merkmale: Von Juni bis August blühend, 25–70 cm hoch, ausdauernd, mit rübenartiger Wurzel.
Laubblätter: Grundständige oval, gestielt, am Spreitengrund herzförmig oder abgerundet, am Ende zugespitzt, stumpf oder abgerundet, fein gezähnt und kahl oder etwas behaart; untere Stengelblätter etwas weniger breit; obere Stengelblätter schmal lanzettlich und sitzend.
Blütenstand: Kurze oder lang gestreckte Ähre mit schmal lanzettlichen Hüllblättern.
Blüten: Die 5 Kelchzipfel bis 3 mm lang und kahl oder seltener etwas behaart; Kronblätter 5 und blauviolett gefärbt; Kronröhre 7–12 mm lang; Staubblätter 5 und frei; Fruchtknoten unterständig und aus 3 Fruchtblättern verwachsen.
Früchte: Sich mit Löchern öffnende Kapseln.
Standort: In der subalpinen und alpinen Stufe in Wiesen, Weiden, lichten Waldstellen, Magerrasen und bei Gebüschen auf frischen, kalkarmen, etwas sauren, humosen und feinerdereichen Lehm- und Tonböden; ein guter Magerkeits- und Versauerungszeiger.

278 Halbkugelige Rapunzel – *Phyteuma hemisphaericum* L.

Merkmale: Im Juli und August blühend, 3–20 cm hoch, ausdauernd; mit nichtrübenförmig verdickter Wurzel und guter Versauerungszeiger.
Laubblätter: Grundständige lineal, grasartig, 1–2 mm breit, bis 15 cm lang, ganzrandig oder etwas entfernt gezähnelt und kahl.
Blütenstand: Kugeliges Köpfchen; Hüllblätter lanzettlich bis eiförmig, zugespitzt, ganzrandig, am Grunde stumpfzähnig und meist kürzer als das Köpfchen.
Blüten: Kelchblätter 5, mit 3–4 mm langen und kahlen oder am Rande etwas behaarten Zipfeln; Kronblätter blau; Kronröhre bis 1,5 cm lang, vor dem Aufblühen gegen die Mitte gebogen; Staubblätter 5; Fruchtknoten unterständig.
Früchte: Kapseln.
Standort: In der alpinen Stufe (seltener subalpin) in Felsspalten, Weiden, zerstreut in Silikat-Magerrasen auf frischen, kalkarmen, sauren, torfigen, humosen und meist steinigen Lehmböden.

279 Scheuchzers Rapunzel – *Phyteuma scheuchzeri* ALL.

Merkmale: Von Mai bis Juli blühend, 10–40 cm hoch und ausdauernd.
Laubblätter: Grundständige lang gestielt, lanzettlich bis schmal oval, am Grunde herzförmig, abgerundet oder in den Stiel verschmälert, ganzrandig oder gezähnt mit nach vorn gerichteten Zähnen; untere Stengelblätter schmal lanzettlich, gestielt, gesägt oder ganzrandig; obere gleich gestaltet, aber sitzend.
Blütenstand: Kugeliges und vielblütiges Köpfchen; Hüllblätter lineal lanzettlich, am Grunde kaum verbreitert, abstehend oder zurückgebogen und länger als das Köpfchen.
Blüten: Kelchzipfel 5, 3–4 mm lang und kahl: Kronröhre vor dem Aufblühen mehr oder weniger gerade stehend; Staubblätter 5; Fruchtknoten unterständig.
Früchte: Kapseln.
Standort: Von der kollinen bis in die subalpine Stufe in Felsspalten auf Kalk, Dolomit und auf Urgestein; besonders in den Südketten verbreitet.

280 Berg-Flockenblume – *Centaurea montana* L.

Merkmale: Von Mai bis August blühend, 10–60 cm hoch, ausdauernd; Stengel filzig behaart.
Laubblätter: Länglich bis schmal oval, ganzrandig, sitzend und besonders im mittleren und oberen Bereich am Stengel herablaufend, am Ende zugespitzt und mit filziger Behaarung.
Blütenstand: Am Ende des Stengels vielblütiges und 15–25 mm breites Einzelköpfchen; Hüllblätter grün, bis 4 mm lang, dachziegelartig angeordnet, dunkelbraun bis schwarz berandet.
Blüten: Nur Röhrenblüten vorhanden; die randständigen Blüten geschlechtslos, die inneren zwittrig; an Stelle von Kelchblättern Pappusborsten ausgebildet; Krone aus 5 Kronblättern, röhrenförmig, bei den randständigen Blüten vergrössert und blau, violett oder purpurn; Staubblätter 5; Staubbeutel röhrig verwachsen; Fruchtknoten unterständig und aus 2 Fruchtblättern verwachsen.
Früchte: Achänen.
Standort: In der montanen und subalpinen Stufe in Fettmatten, lichten Wäldern, Hochstaudenfluren und bei Gebüschen auf frischen bis feuchten, nährstoff- und basenreichen Böden

281 Alpen-Milchlattich – *Cicerbita alpina* (L.) WALLR.

Merkmale: Im Juli und August blühend, 50–130 cm hoch, ausdauernd und mit hohlem Stengel.

Laubblätter: Oval, lang zugespitzt, bis nahe zur Mittelader unregelmässig fiederteilig, oberseits dunkelgrün, unterseits blaugrün, mit einem grossen dreieckigen Endabschnitt und mehreren waagrecht abstehenden Seitenabschnitten; diese sind buchtig gezähnt; untere Blätter gestielt.

Blütenstand: Traube mit zahlreichen Blütenköpfchen; Hüllblätter schmal dreieckig, dunkelgrün bis dunkelrot, mit abstehenden braunen Drüsenhaaren; Blütenboden ohne Spreuschuppen.

Blüten: Alle zungenförmig; Pappus einreihig; Krone 5teilig, 15–20 mm lang, deutlich 5zähnig und blauviolett gefärbt; Staubblätter 5; Fruchtknoten unterständig und aus 2 Fruchtblättern verwachsen.

Früchte: Achänen 4–5 mm lang.

Standort: In der subalpinen Stufe (seltener montan) in Hochstaudenfluren, Waldschlägen, in Gebüschen und Bergmischwäldern auf sickerfrischen, nährstoff- und basenreichen, lockeren und humosen Lehm- und Tonböden.

282 Plumiers Milchlattich – *Cicerbita plumieri* KIRSCHL.

Merkmale: Im Juli und August blühend, 60–120 cm hoch; Stengel, Kopfstiele und Hüllen kahl, mit nichtkriechendem Rhizom.

Laubblätter: Oval, bis nahe zur Mittelader unregelmässig fiederteilig, oberseits dunkelgrün, unterseits blaugrün, mit einem grossen dreieckigen Endabschnitt und waagrecht abstehenden Seitenabschnitten; diese sind buchtig gezähnt; den Stengel mit gerundeten Abschnitten teilweise umfassend.

Blütenstand: Köpfchen in einer lockeren, doldigen Rispe vereinigt.

Blüten: Alle zungenförmig; Krone 5teilig, hellblau, bis 2,8 mm lang, deutlich 5zähnig; Staubblätter 5; Fruchtknoten unterständig und aus 2 Fruchtblättern verwachsen.

Früchte: Achänen 6–8 mm lang, breit berandet und bis 3 mm breit.

Standort: In der montanen und subalpinen Stufe in Hochstaudenfluren, Runsen, im Blockschutt auf sickerfrischen, nährstoff- und basenreichen, meist kalkarmen, lockeren, humosen und steinigen Lehmböden; nicht häufig anzutreffen.

283 Schaft-Kugelblume – *Globularia nudicaulis* L.

Merkmale: Von Juni bis August blühend, 10–25 cm hoch, ausdauernd und mit holzigem Rhizom.

Laubblätter: Grundständige rosettig gehäuft, schmal oval, 5–15 cm lang, langsam in den Stiel verschmälert, am Ende meist stumpf oder abgerundet und ganzrandig.

Blütenstand: Am Ende der Stengel 15–25 mm breites Köpfchen; Tragblätter sind klein, lanzettlich.

Blüten: Kelchblätter 5, zu einer Röhre verwachsen, kahl oder zerstreut behaart, mit je einem lanzettlichen Zipfel; Kronblätter 5, röhrig verwachsen, blau, 4–8 mm lang; Oberlippe mit 2, Unterlippe mit 3 bandförmigen Zipfeln; Staubblätter 4, in der Kronröhre angewachsen und aus dieser hervortretend; Fruchtknoten oberständig und aus 2 Fruchtblättern verwachsen.

Früchte: Bis 2 mm lange Nüsschen.

Standort: In der subalpinen Stufe (seltener montan und alpin) in Trockenwiesen und Kalkmagerrasen auf trockenen bis mässig frischen, kalkreichen, neutralen, humosen und steinigen Lehm- und Tonböden.

284 Herzblättrige Kugelblume – *Globularia cordifolia* L.

Merkmale: Von Mai bis Juli blühend, 3–10 cm hoch, ausdauernd und mit langen, niederliegenden, holzigen, verzweigten und nichtblühenden Stengeln; blühende Triebe kurz und aufrecht.

Laubblätter: Spatelförmig, in den Stiel verschmälert, am Ende abgerundet oder auch verkehrt herzförmig, gestielt, bis 4 cm lang; aufgerichtete und blühende Stengel mit bis 2 lanzettlichen Blättchen.

Blütenstand: Bis 1,5 cm breite und kugelige Köpfchen.

Blüten: Kelchblätter 5, röhrig verwachsen; Kelchzipfel lanzettlich, etwa gleich lang wie die Kelchröhre und behaart; Kronblätter 5–8 mm lang; Oberlippe mit 2, Unterlippe mit 3 schmalen und bandförmigen Zipfeln; Staubblätter 4; Fruchtknoten oberständig, aus 2 Fruchtblättern verwachsen.

Früchte: Bis 2 mm lange Nüsschen.

Standort: Von der montanen bis in die alpine Stufe in Kalk-Magerrasen, Felsspalten, im Felsschutt und Steinrasen auf mässig trockenen, meist kalkreichen, flach- bis mittelgründigen, steinigen und mehr oder weniger humosen Lehm- und Tonböden; auch auf reinen Kies- und Steinböden.

285 Drachenmaul – *Hormium pyrenaicum* L.
Merkmale: Von Juni bis August blühend, 10–30 cm hoch, aromatisch duftend, ausdauernd und mit einem verholzten Rhizom versehen.
Laubblätter: Grundständige oval bis eiförmig, gestielt, am Ende stumpf oder abgerundet, stumpf gezähnt, kahl, mit runzeliger Oberfläche, oberseits mittel- bis dunkelgrün und unterseits weisslichgrün; stengelständige Blätter schmal dreieckig bis oval, kurz und sitzend.
Blütenstand: Kurz gestielte Blüten zu 2–6 halbquirlartig in den Achseln der oberen Blattpaare.
Blüten: Kelchblätter 5, röhrig verwachsen, zweilippig, 6–10 mm lang, mit je einem zugespitzten Zahn; Kronblätter 5, verwachsen, violett, 2lippig; im Innern der Röhre ein Haarring; die 4 Staubblätter der Oberlippe anliegend; Fruchtknoten oberständig und aus 2 Fruchtblättern verwachsen.
Früchte: Spaltfrüchte mit eiförmigen und glatten Teilfrüchten.
Standort: In der montanen und subalpinen Stufe in mageren Wiesen, Weiden, Steinrasen, Kalkmagerrasen auf frischen, kalkreichen, humosen, lockeren und meist steinigen Lehm- und Tonböden.

286 Hoher Rittersporn – *Delphinium elatum* L.
Merkmale: Im Juli und August blühend, 50–150 cm hoch, ausdauernd, mit einem knotigen Rhizom.
Laubblätter: Untere Stengelblätter lang gestielt, ihre Spreite vieleckig, bis weit über die Mitte 3–7teilig und dunkel- bis blaugrün gefärbt; Abschnitte von der Mitte an ungleich gezähnt und meist lang zugespitzt; untere Tragblätter den Stengelblättern ähnlich; obere Tragblätter meist lanzettlich.
Blütenstand: Dichte Traube bestehend aus zahlreichen gestielten Blüten.
Blüten: Perigonblätter 5 und blau gefärbt; die 4 unteren oval und das obere mit einem an der Spitze abwärts gebogenen Sporn; die 4 Honigblätter dunkelbraun, nicht verwachsen und auf der Innenseite weiss behaart, die oberen beiden gespornt; die zahlreichen Staubblätter gegen den Grund zu etwas verbreitert; Fruchtknoten 3–10 an der Zahl, kahl, mehrsamig und oberständig angeordnet.
Früchte: Bis 1 cm lange Balgfrüchte.
Standort: In der subalpinen Stufe (seltener montan) in Hochstaudenfluren und Mulden auf feuchten, nährstoffreichen, kalkhaltigen und schuttreichen Böden.

287 Blauer Eisenhut – *Aconitum napellus* L. AGG.
Merkmale: Von Juni bis August blühend, 40–140 cm hoch, ausdauernd, mit verdicktem Rhizom.
Laubblätter: Rundlich, gestielt und bis zum Grunde 5teilig; Abschnitte ungestielt, tief geteilt, gegen den Grund zu keilförmig verschmalert und mit langen, sehr schmalen Zipfeln.
Blütenstand: Sehr dichtblütige, unverzweigte und endständige Traube.
Blüten: Gestielt und zygomorph; Perigonblätter 5, mehr oder weniger behaart und violett gefärbt; die 4 seitlichen Perigonblätter oval bis rundlich; oberstes Perigonblatt einen Helm bildend, der am unteren Rand gerade oder etwas gebogen ist; Honigblätter in den Helm hineinragend; Staubblätter zahlreich; die 3–5 oberständigen Fruchtknoten mehrsamig.
Früchte: Balgfrüchte.
Standort: In der subalpinen und alpinen Stufe in überdüngten Alpweiden, Hochstaudenfluren, um Alphütten und entlang von Bächen auf frischen bis nassen, humosen, nährstoff- und basenreichen Lehm- und Tonböden; auch als Zierpflanze in Gärten verwendet.

288 Rispiger Eisenhut – *Aconitum variegatum* ssp. *paniculatum* L.
Merkmale: Von Juli bis September blühend, 60–170 cm hoch und ausdauernd.
Laubblätter: Gestielt, in 5–7 lanzettliche bis schmal ovale, bis zum Grunde getrennte und bis zur Mittelader verschmälerte Abschnitte.
Blütenstand: Wenig bis stark verzweigte Rispe.
Blüten: Zygomorph; Blütenstiele abstehend, meist drüsig behaart; Perigonblätter 5, mit kleinen abstehenden Haaren besetzt und violett gefärbt; Helm etwa so hoch wie breit, oft auch breiter als hoch, nach vorn neigend und oft mit feiner Spitze; die 4 seitlichen Perigonblätter oval bis rundlich; Honigblätter in den Helm ragend; Staubblätter zahlreich; mehrsamige Fruchtknoten oberständig.
Früchte: Balgfrüchte.
Standort: In der montanen und subalpinen Stufe in lichten Bergwäldern und Hochstaudenfluren auf sickerfrischen, nährstoff- und basenreichen, mässig sauren, humosen und steinigen Lehmböden; giftig; geschützt.

289 Zypressenblättrige Wolfsmilch – *Euphorbia cyparissias* L.

Merkmale: Von April bis Juli blühend, 10–50 cm hoch, ausdauernd; Ausläufer unterirdisch.
Laubblätter: Schmal lanzettlich, sitzend, im Mittelteil parallelrandig, 15–30 mm lang, meist ganzrandig, kahl und gelblichgrün bis dunkelgrün gefärbt.
Blütenstand: Endständige Dolde und seitenständige Teildolden; Tragblätter der Einzelblütenstände oval bis halbkreisförmig; gelber Hüllbecher mit sichelförmigen und gelben Drüsen.
Blüten: Innerhalb des Hüllbechers gestielte weibliche Blüte mit 3fächerigem Fruchtknoten und mehreren männlichen Blüten, welche je aus einem Staubblatt bestehen; keine eigentliche Blütenhülle vorhanden.
Früchte: Spaltfrüchte in 3 mit halbkugeligen Warzen versehene Teilfrüchte zerfallend.
Standort: Von der kollinen bis in die subalpine Stufe in Magerwiesen, Weiden, Rasen, Schutthalden, entlang von Waldrändern und Böschungen auf mässig trockenen, kalk- und basenreichen (aber auch auf kalkfreiem Grund), lockeren und humosen Lehm- und Lössböden; ein giftiges Weideunkraut.

290 Guter Heinrich – *Chenopodium bonus-henricus* L.

Merkmale: Von Juni bis August blühend, 30–80 cm hoch, ausdauernd und mit mehrzelligen und einfachen Haaren besetzt.
Laubblätter: 3eckig bis spiessförmig, lang gestielt, am Ende stumpf oder zugespitzt, ganzrandig oder etwas gewellt und wechselständig angeordnet.
Blütenstand: Endständige, am Grunde beblätterte Scheinähre.
Blüten: Die 3–5 Perigonblätter grünlich und mit unregelmässig zerschlitzten Rändern; Staubblätter meist weniger als 5 und vor den Perigonblättern stehend; Fruchtknoten oberständig, aus 2 Fruchtblättern verwachsen.
Früchte: Abgeflachte und mit je einem dunkelroten und glänzenden Samen versehene Nüsschen.
Standort: In der montanen und subalpinen Stufe bei bäuerlichen Siedlungen wie Alphütten, Viehlägerstellen, entlang von Strassen, Wegen und Zäunen auf frischen, nährstoffreichen und auch sandigen oder reinen Lehm- und Tonböden; wird auch als Gemüsepflanze verwendet.

291 Gemeiner Frauenmantel – *Alchemilla vulgaris* L. S.L.

Merkmale: Von Mai bis Juli blühend, 10–40 cm hoch und ausdauernd.
Laubblätter: Nie seidenhaarig; Grundständige 7–13lappig, bis 15 cm breit, gestielt, oberseits dunkel- bis blaugrün, unterseits oft etwas heller, verschiedenartig behaart oder auch kahl; Abschnitte am Ende abgerundet und mit zahlreichen bis in die Buchten reichenden Zähnen; stengelständige Blätter kurz gestielt bis sitzend und oft am Spreitengrund tief herzförmig.
Blütenstand: Blüten in Knäueln; Gesamtblütenstand eine reichblütige Rispe.
Blüten: Äussere Kelchblätter 4, gelblichgrün, schmal oval, zugespitzt und 1–2 mm lang; die inneren 4 Kelchblätter gelblich bis grünlich, zugespitzt und 1–2 mm lang; Kelchbecher und Kelchblätter kahl; keine Kronblätter vorhanden; Staubblätter 4; 1 Fruchtknoten mit einem Griffel und einer Narbe.
Früchte: Nüsschen von einem glatten Kelchbecher umschlossen.
Standort: Von der kollinen bis in die alpine Stufe in Fett- und Nasswiesen, Weiden, bei Quellen, im feuchten Geröll auf frischen bis feuchten, nährstoffreichen und humosen Böden.

292 Gelbgrüner Frauenmantel – *Alchemilla xanthochlora* S.STR.

Merkmale: Von Mai bis Juli blühend, 20–60 cm hoch, ausdauernd und mit zahlreichen behaarten Stengeln versehen.
Laubblätter: Grundständige 7–11lappig, gestielt, 4–13 cm breit, oberseits grün bis blaugrün gefärbt, unterseits hellgrün bis gelblichgrün und auf den Hauptadern behaart; Abschnitte abgerundet und mit 7–12 Zähnen, die bis in die Buchten reichen.
Blütenstand: Blüten in Knäueln; Gesamtblütenstand eine reichblütige Rispe.
Blüten: Äussere Kelchblätter 3–4, gelblichgrün, meist zugespitzt und 1–2 mm lang; innere Kelchblätter 3–4, grün bis gelblich, meist zugespitzt und 1–2 mm lang; Kelchbecher kahl oder schwach behaart; Staubblätter 4; 1 Fruchtknoten mit Griffel, Narbe und einer Samenanlage.
Früchte: Nüsse, die jeweils von einem glatten Kelchbecher umschlossen sind.
Standort: Von der kollinen bis in die subalpine Stufe in Fett- und Nasswiesen, Weiden, an Quellen, entlang von Bach- und Grabenrändern auf feuchten, humosen und nährstoffreichen Böden.

293 Schlangen-Wegerich – *Plantago serpentina* ALL.

Merkmale: Von Mai bis August blühend, 10–30 cm hoch und ausdauernd.
Laubblätter: Lineal bis lineal lanzettlich, sitzend, fleischig, am Ende rinnenförmig zugespitzt, ganzrandig, 3aderig, kahl und in einer grundständigen Rosette vereinigt.
Blütenstand: Endständige, zylindrische und 2–10 cm lange Ähre.
Blüten: Tragblätter etwas zugespitzt, ohne Granne und gleich lang oder etwas länger als die 4 Kelchblätter; diese sind bis nahe zum Grunde frei, gewimpert und mit einem kräftigen Kiel ausgerüstet; Kronblätter 4, verwachsen, 2–3 mm lang und mit je einem weisslichen bis bräunlichen Zipfel; Staubblätter 4; Fruchtknoten oberständig und aus 2 Fruchtblättern verwachsen.
Früchte: Mehrsamige und etwas zugespitzte Kapseln.
Standort: In der subalpinen Stufe (seltener kollin und montan) in Weiden, lückigen Rasen, Felsspalten und entlang von Wegrändern auf trockenen bis mässig frischen und steinigen bis kiesigen Böden in warmen Lagen; Pflanze mit aufsteigenden und aufrechten Stengeln und Blättern.

294 Kleiner Wiesenknopf – *Sanguisorba minor* SCOP. S.L.

Merkmale: Von Juni bis August blühend, 30–50 cm hoch und ausdauernd; Stengel unten behaart.
Laubblätter: Grundständige in einer Rosette und unpaarig gefiedert; Fiederblattpaare 5–15; Fiederblätter oval bis rundlich, sitzend oder gestielt, oberseits dunkelgrün, unterseits etwas heller grün und jederseits mit bis 8 groben, spitzen Zähnen; Stengelblätter mit schmal ovalen / ovalen Fiederblättern.
Blütenstand: Dichtblütiges und meist kugeliges Köpfchen.
Blüten: Im unteren Teil des Blütenstandes männliche, im mittleren Bereich zwittrige und zuoberst weibliche Blüten; Kelchblätter oval, grün gefärbt, oft mit rötlichbraunen Rändern und 2–4 mm lang; Kronblätter fehlend; in männlichen Blüten 10–30 Staubblätter, in den zwittrigen deren 1–4; Narbe auf dem Griffel des Fruchtblattes aus Fäden zusammengsetzt und einen Pinsel bildend.
Früchte: Vom strukturierten Kelchbecher umschlossene Nüsschen.
Standort: Von der kollinen bis in die subalpine Stufe in Fett- und Trockenwiesen, lückigen Magerrasen, an Böschungen, Dämmen und entlang von Wegen auf mässig trockenen Böden.

295 Strahlenlose Kamille – *Matricaria discoidea* DC.

Merkmale: Von Mai bis Oktober blühend, 5–35 cm hoch, mit kegelförmigem und hohlem Blütenkopfboden; seit etwa 1850 eingebürgert.
Laubblätter: Schmal oval, 2–3fach fiederteilig, 2–6 cm lang, kahl, mit besonders im unteren Bereich der Pflanze breitem Mittelteil, sitzend und aromatisch riechend.
Blütenstand: Zahlreiche 5–10 mm breite Köpfchen rispenartig angeordnet; Hüllblätter hellgrün gefärbt, kahl und dachziegelig angeordnet.
Blüten: Keine strahlenförmigen Blüten vorhanden; Kronblätter der Röhrenblüten verwachsen, grünlich gefärbt und vierzähnig; Fruchtknoten unterständig und aus 2 Fruchtblättern verwachsen.
Früchte: Achänen 1–2 mm lang, kahl, meist mit dunklen Haarstreifen und einem gezähnten Rand.
Standort: Von der kollinen bis in die subalpine Stufe entlang von Wegen, auf Schuttplätzen, in Kiesgruben, Trittrasen, beim Bahnareal und bei Siedlungen auf frischen bis feuchten, nährstoffreichen, mehr oder weniger humosen und dichten Lehm- und Tonböden.

296 Alpen-Ampfer – *Rumex alpinus* L.

Merkmale: Im Juli und August blühend, 30–100 cm hoch, ausdauernd; oben meist stark verzweigt.
Laubblätter: Grundständige oval bis rundlich, 30–50 cm lang, rötlich gestielt, am Spreitengrund herzförmig und mit gewelltem Rand; Stengelblätter kleiner, schmal oval und oft mit ungleich endenden Spreitenhälften.
Blütenstand: Zahlreiche reichblütige seiten- und endständige Rispen; Seitenzweige des Gesamtblütenstandes aufrecht.
Blüten: Zwittrig; Perigonblätter 6; die äusseren 3 den Inneren anliegend; innere 3 Perigonblätter ganzrandig oder unregelmässig gezähnt und rötlichbraun gefärbt; Staubblätter 6; Fruchtknoten oberständig und aus 3 Fruchtblättern verwachsen; die 3 zurückgebogenen Narben rötlich gefärbt.
Früchte: Nüsschen 2–3 mm lang, glänzend und gelblichbraun gefärbt.
Standort: In der subalpinen Stufe um Alphütten, in überdüngten Alpweiden, Lägerstellen und bei Bauernhöfen auf frischen bis feuchten und nährstoffreichen Lehmböden; guter Stickstoffzeiger.

297 Schnee-Ampfer – *Rumex nivalis* HEGETSCHW.
Merkmale: Im Juli und August blühend, 10–25 cm hoch und aufrecht oder bogig aufsteigend.
Laubblätter: Die Grundständigen des Frühjahrs oval, diejenigen des Sommers spiessförmig; Grundständige gestielt, 15–30 mm lang, mit breit abgerundetem Ende und meist ganzrandig; der Stengel trägt nur 1–2 kleinere Blätter.
Blütenstand: Rispiger Gesamtblütenstand.
Blüten: Eingeschlechtig und zwittrig; Perigonblätter 6; die inneren 3 rundlich, 3–5 mm lang, ganzrandig, am Grunde mit einer rückwärts gerichteten Schwiele und rötlich gefärbt; äussere 3 Perigonblätter dem Blütenstiel anliegend; bei männlichen und zwittrigen Blüten je 6 Staubblätter; bei weiblichen und zwittrigen Blüten oberständiger Fruchtknoten.
Früchte: Nüsschen gelblich bis rötlich, glänzend und 2–3 mm lang.
Standort: In der alpinen Stufe auf Böden mit langer Schneebedeckung auf schneewasserfeuchten, nährstoffreichen, kalkhaltigen, humosen und feinschuttreichen Tonböden.

298 Schildblättriger Ampfer – *Rumex scutatus* L.
Merkmale: Im Juni und Juli blühend, 15–50 cm hoch, bogig aufsteigend; Ausläufer oft unterirdisch.
Laubblätter: Meist spiessförmig, 3–5 cm lang, gestielt, an der Spreitenbasis oft mit 2 etwas abstehenden spitzen Zipfeln, flach ausgebreitet, ganzrandig und grün bis bläulichgrün gefärbt.
Blütenstand: Rispiger Gesamtblütenstand mit unverzweigten, meist aufrechten und lockerblütigen Teilblütenständen.
Blüten: Meist eingeschlechtig, seltener zwittrig; Perigonblätter 6; äussere 3 Perigonblätter nach der Blütezeit den inneren anliegend; innere Perigonblätter rundlich, 4–6 mm lang, ganzrandig, ohne Schwielen und durchscheinend rötlich gefärbt; bei männlichen Blüten 6 Staubblätter; bei weiblichen Blüten oberständiger Fruchtknoten.
Früchte: Nüsschen grau gefärbt und 3–4 mm lang.
Standort: Von der kollinen bis in die subalpine Stufe als Pionier bei Weinbergmauern, in Steinbrüchen, Schutt- und Geröllfluren auf mässig trockenen bis frischen, basenreichen, kalkfreien oder auch kalkhaltigen und lockeren Grob- und Feinschuttböden.

299 Säuerling – *Oxyria digyna* (L.) HILL.
Merkmale: Im Juli und August blühend, 5–25 cm hoch, ausdauernd und mit mehreren Stengeln.
Laubblätter: Grundständige oval bis rundlich, lang gestielt, 15–40 mm lang, am Spreitengrund herz- oder nierenförmig, mit gewelltem Rand, oberseits dunkelgrün und unterseits schwach graugrün; meist keine Stengelblätter vorhanden.
Blütenstand: Rispiger Gesamtblütenstand mit knäueligen Teilblütenständen.
Blüten: Alle zwittrig; Perigonblätter 4, grün gefärbt; 2 innere Perigonblätter viel grösser als die äusseren 2; diese liegen dem geflügelten Rand der Frucht an; Staubblätter meist 4, seltener 6; Fruchtknoten oberständig.
Früchte: Nüsschen linsenförmig und mit einem breit geflügelten Rand.
Standort: In der alpinen Stufe (seltener subalpin) auf bewegten Steinschuttböden und auf Moränenschutt auf frischen, kalkarmen, offenen, bewegten und lange vom Schnee bedeckten (9–10 Monate) Böden; Pionier auf rohen Böden.

300 Kleiner Sauerampfer – *Rumex acetosella* L. AGG.
Merkmale: Von Mai bis August blühend, 10–30 cm hoch und aufrecht oder bogig aufsteigend.
Laubblätter: Spiessförmig und lang gestielt und schmal lanzettlich und in einen kurzen Stiel verschmälert, meist ganzrandig und dunkelgrün- bis blaugrün gefärbt; die stumpfen bis spitzen Zipfel deutlich abstehend.
Blütenstand: Rispiger Gesamtblütenstand mit aufrechten und lockerblütigen Teilblütenständen.
Blüten: Meist eingeschlechtig, seltener zwittrig; Perigonblätter 6; die äusseren 3 Perigonblätter den inneren 3 anliegend; innere 3 Perigonblätter ganzrandig und ohne Schwielen; Staubblätter bei männlichen Blüten 6; Fruchtknoten bei weiblichen Blüten oberständig.
Früchte: Nüsschen braunrot gefärbt und 1–2 mm lang.
Standort: Von der kollinen bis in die subalpine Stufe in Äckern, Heiden, Magerwiesen, Waldschlägen, entlang von Wegen und Dämmen auf trockenen bis mässig frischen, sandigen bis lehmigen Böden.

301 Weisser Germer – *Veratrum album* L. S.L.
Merkmale: Im Juni und Juli blühend, 50–150 cm hoch, mit einem dicken Rhizom, im unteren Teil kahl und ausdauernd.
Laubblätter: Oval bis breit oval, sitzend, den Stengel meist bis zur Hälfte umfassend, am Ende zugespitzt, bis 20 cm lang, paralleladerig und unterseits oft etwas behaart.
Blütenstand: Reich- und dichtblütige, bis 50 cm hohe Traube.
Blüten: Perigonblätter 6, oval, 10–15 mm lang, zugespitzt, mit duneklgrünen Adern und gelblichgrün gefärbt; Staubblätter 6; Fruchtknoten oberständig.
Früchte: Kapseln aus 3 lose miteinander verwachsenen, gegen das Innere zu sich öffnende und vielsamige Fruchtblättern bestehend.
Standort: In der montanen und subalpinen Stufe in Alpweiden, Hochstaudenfluren, Moorwiesen und bei Viehlägern auf frischen bis nassen, meist nährstoffreichen, kalkhaltigen, humosen und tiefgründigen Lehm- und Tonböden; giftiges Weideunkraut.

302 Alpen-Frauenmantel, Silbermantel – *Alchemilla alpina* L. AGG.
Merkmale: Im Juni und Juli blühend, 10–30 cm hoch und ausdauernd.
Laubblätter: Grundständige 5–7teilig, gestielt und unterseits dicht silbrig glänzend behaart; Teilblätter schmal oval, sitzend, am Ende stumpf oder abgerundet und mit jederseits 2–6 spitzen Zähnen; Stengelblätter 3teilig.
Blütenstand: Kurz gestielte Blüten in dichten Knäueln.
Blüten: Innere Kelchblätter 4, oval, zugespitzt, 1–2 mm lang und meist hellgelb; äussere Kelchblätter 4, kleiner und hellgelb gefärbt; ausserseits alle abstehend behaart; Staubblätter 4; Fruchtknoten mit einer kugeligen Narbe.
Früchte: Nüsschen vom weichen und glatten Kelchbecher umschlossen.
Standort: Von der montanen bis in die alpine Stufe in bodensauren Magerrasen, Weiden, Borstgraswiesen und zwischen Zwergsträuchern auf trockenen bis frischen, nährstoff- und basenarmen und humosen Lehmböden.

303 Alpen-Wegerich, Adelgras – *Plantago alpina* L.
Merkmale: Im Juni und Juli blühend, 5–15 cm hoch, mit aufsteigenden oder aufrechten Blättern versehen und ausdauernd.
Laubblättar: Lineal bis lineal lanzettlich, stielartig verschmälert, sitzend, am Ende zugespitzt, meist ganzrandig, dreiaderig, zerstreut behaart und in einer Rosette zusammengefasst.
Blütenstand: Endständige, zylindrische und 15–30 mm lange Ähre.
Blüten: Kelchblätter 4 und bis nahe zum Grunde frei; Kronblätter 4, verwachsen, 2 bis 3 mm lang und mit je einem weisslichen Zipfel; Staubblätter 4 und gelb gefärbt; Fruchtknoten oberständig und aus 2 Fruchtblättern verwachsen.
Früchte: Bis 10samige Kapseln.
Standort: In der subalpinen und alpinen Stufe häufig in Magerrasen, Wiesen und Weiden auf mässig frischen bis frischen, mässig nährstoffreichen, humosen, kalkarmen, etwas sauren und oft steinigen Lehmböden.

304 Sternblütiges Hasenohr – *Bupleurum stellatum* L.
Merkmale: Im Juli und August blühend, 10–35 cm hoch, mit von Blattscheiden bedecktem Rhizom und ausdauernd.
Laubblättar: Grundständige lineal lanzettlich, nach dem Grunde verschmälert, am Ende stumpf oder kurz zugespitzt, 5–30 cm lang und mit unterseits deutlich hervortretender Mittelader; mittlere und obere Stengelblätter die Stengel zum Teil umfassend.
Blütenstand: Mehrere Dolden an End- und Seitensprossen; die Hochblätter 2. Ordnung meist über die Mitte verwachsen und eine leicht gewölbte gelbgrüne Hülle bildend.
Blüten: Kronblätter 5 und gelblichgrün gefärbt; Staubblätter 5; Fruchtknoten unterständig und aus den 2 Fruchtblättern verwachsen.
Früchte: Spaltfrüchte; Teilfrüchte mit 5 deutlichen und etwas geflügelten Hauptrippen.
Standort: In der subalpinen und alpinen Stufe in lückigen Magerrasen, in Felsspalten, in Wiesen auf trockenen, sauren und kalkarmen Böden.

Verzeichnis der deutschen Pflanzennamen

Verzeichnis der deutschen Pflanzennamen

Verzeichnis der deutschen Pflanzennamen

Verzeichnis der deutschen Pflanzennamen

Verzeichnis der deutschen Pflanzennamen

Verzeichnis der französischen Pflanzennamen

Verzeichnis der französischen Pflanzennamen

Verzeichnis der französischen Pflanzennamen

Verzeichnis der italienischen Pflanzennamen

Verzeichnis der italienischen Pflanzennamen

Verzeichnis der italienischen Pflanzennamen

Verzeichnis der lateinischen Pflanzennamen

Verzeichnis der lateinischen Pflanzennamen

Verzeichnis der lateinischen Pflanzennamen